Disna Eheliyagoda

Gestão sustentável de resíduos em áreas urbanas do Sri Lanka: Um estudo de caso

Disna Eheliyagoda

Gestão sustentável de resíduos em áreas urbanas do Sri Lanka: Um estudo de caso

Imprint

Any brand names and product names mentioned in this book are subject to trademark, brand or patent protection and are trademarks or registered trademarks of their respective holders. The use of brand names, product names, common names, trade names, product descriptions etc. even without a particular marking in this work is in no way to be construed to mean that such names may be regarded as unrestricted in respect of trademark and brand protection legislation and could thus be used by anyone.

Cover image: www.ingimage.com

This book is a translation from the original published under ISBN 978-3-659-89065-9.

Publisher:
Sciencia Scripts
is a trademark of
Dodo Books Indian Ocean Ltd. and OmniScriptum S.R.L publishing group

120 High Road, East Finchley, London, N2 9ED, United Kingdom
Str. Armeneasca 28/1, office 1, Chisinau MD-2012, Republic of Moldova, Europe
Managing Directors: Ieva Konstantinova, Victoria Ursu
info@omniscriptum.com

Printed at: see last page
ISBN: 978-620-3-31240-9

Gestão sustentável dos resíduos nas zonas urbanas do Sri Lanka: Um estudo de caso

Por
Disna Eheliyagoda

Carinhosamente
Dedicado a
Os meus pais e
Professores

AGRADECIMENTOS

A minha sincera gratidão e agradecimento ao meu supervisor, Sr. K.H. Muthukudaarachchi, Diretor-Geral da Autoridade Central do Ambiente, por ter dedicado o seu precioso tempo ao meu estudo, pela orientação especializada e pelo apoio contínuo ao longo da investigação.

Agradeço aos membros do meu comité de exame da dissertação, Prof. Nilanthi Bandara, Sr. M.J.J. Fernando e Prof. Sunil Chandrasiri, pelos seus comentários críticos, discussões exaustivas e sugestões notáveis sobre a minha investigação.

Gostaria de agradecer ao coordenador do curso, programa de Mestrado em Gestão Ambiental, Universidade de Colombo, Dr. M. Sumanadasa, por partilhar os seus conhecimentos e fornecer comentários valiosos sobre os melhoramentos para que a minha dissertação pudesse ser concluída a tempo.

Um agradecimento especial ao Sr. Mahesh Jaltota, Diretor Adjunto da Divisão de Controlo da Poluição Ambiental da Autoridade Ambiental Central, pela sua assistência perspicaz e pelo seu incentivo ao longo do meu estudo.

Os meus agradecimentos vão também para o Dr. P.I. Yapa e o Sr. Niluka Ranasinghe, da Faculdade de Ciências Agrícolas da Universidade Sabaragamuwa do Sri Lanka, por me terem orientado nos trabalhos de campo e nas consultas sempre que precisei, sem qualquer hesitação.

Os meus sinceros agradecimentos ao Sr. Nimal Premathilake e ao Sr. Dinusha Vitharama do Conselho Urbano de Balangoda pelas suas informações úteis e pela sua cooperação durante o estudo de campo.

Por último, estou profundamente grato aos meus pais pelo seu amor infinito, apoio moral, força e por me proporcionarem um ambiente amigável na prossecução dos meus objectivos académicos.

ÍNDICE DE CONTEÚDOS

RESUMO

O sistema de gestão dos resíduos sólidos urbanos (RSU) das autarquias locais do Sri Lanka contribui para o intercâmbio de alguns resultados produtivos com as localidades; contudo, ainda não é totalmente bem sucedido devido a limitações e falhas ambientais no seu funcionamento. Este estudo, através da realização de uma análise do status quo, de uma análise dos pontos fortes, dos pontos fracos, das oportunidades e das ameaças (SWOT) e de uma análise da eficácia, tem por objetivo ajudar a compreender a sustentabilidade da gestão dos resíduos sólidos urbanos, tomando o Conselho Urbano de Balangoda como estudo de caso. A investigação foi efectuada com base na análise de informações obtidas a partir de observações no terreno, relatórios, literatura, distribuição de questionários à comunidade e uma série de entrevistas com as principais partes interessadas.

As práticas de GMS em curso no Conselho Urbano de Balangoda abrangem seis segmentos: minimização e tratamento de resíduos; recolha de resíduos; separação no local; transporte de resíduos; gestão posterior, incluindo classificação, compostagem, reciclagem, produção de fertilizante de lamas; e eliminação final numa lixeira a céu aberto. Para além disso, estão também a ser realizadas sessões de formação sobre gestão de resíduos sólidos urbanos.

De acordo com os resultados globais do processo de análise SWOT, a localização do centro de gestão de resíduos sólidos, a recolha regular de resíduos, a criação de centros de aquisição e reciclagem de resíduos, a realização de programas de sensibilização e formação sobre a promoção da gestão de resíduos sólidos urbanos e a tributação dos resíduos podem ser considerados pontos fortes, enquanto os pontos fracos são identificados como a fraca gestão do despejo de resíduos, a triagem ineficiente dos resíduos alimentares, as deficiências no processo de fabrico de composto, a falta de opção de reciclagem para a folha de almoço e as falhas na produção de fertilizante de lamas. Além disso, a instalação de uma unidade de biogás no centro de gestão de resíduos sólidos urbanos, a introdução de cinco contentores para a separação de resíduos e a obtenção de apoios externos do governo e de associações industriais foram reconhecidas como oportunidades. Além disso, a atenção inadequada para promover a investigação sobre a proteção ambiental, a ausência de normalização do composto e a toxicidade dos lixiviados foram consideradas ameaças. Após a realização da análise da eficácia com os resultados das outras duas análises, pode concluir-se que o desempenho atual do procedimento de gestão de resíduos sólidos urbanos no Conselho Urbano de Balangoda é parcialmente sustentável.

Palavras chave: Resíduos Sólidos Urbanos, Gestão de Resíduos Sólidos Urbanos, Análise SWOT

CAPÍTULO 1
INTRODUÇÃO
1.1 Antecedentes

A gestão dos resíduos sólidos urbanos (RSU), tanto na forma sólida como líquida, tornou-se uma preocupação ambiental crítica devido à rápida urbanização e ao desenvolvimento económico em muitos países em desenvolvimento. É por esta razão que existe uma preocupação crescente manifestada nos Objectivos de Desenvolvimento do Milénio, que apelam à criação de infra-estruturas ambientais nos países em desenvolvimento até 2015 (Simon, 2008). A gestão dos resíduos urbanos é uma questão importante no mundo de hoje, uma vez que lida com as dotações orçamentais dos municípios locais, a aceitação pública e os impactos adversos no ambiente (Ramakrishna, 2013). Do mesmo modo, o Sri Lanka, enquanto país em desenvolvimento, também está a enfrentar situações deste tipo na gestão dos resíduos urbanos.

As autoridades locais são responsáveis pela gestão dos RSU no Sri Lanka e praticam vários métodos de eliminação, como a descarga a céu aberto, a compostagem, o aterro, a incineração e a reciclagem direta e indireta. No entanto, devido a algumas limitações, como os elevados custos de operação e de gestão, a má qualidade dos produtos e a fraca compreensão do processo, a utilização de métodos economicamente viáveis, respeitadores do ambiente e socialmente aceitáveis é limitada. Por conseguinte, verifica-se que a maioria das práticas de eliminação de resíduos pode afetar negativamente o ambiente, como a deposição a céu aberto em terra e em massas de água, a combustão direta, etc. Estes maus métodos conduzem a várias crises ambientais, por exemplo, a contaminação das águas superficiais e subterrâneas, a poluição do solo e do ar (Sawyer et al., 2003). Além disso, o governo local não lança esquemas a longo prazo no que diz respeito à eliminação segura de resíduos, especialmente para o planeamento e construção de aterros. Os resíduos domésticos contêm uma porção considerável de materiais orgânicos ou naturalmente degradáveis, mas a gestão dos resíduos urbanos pelas respectivas autoridades ainda não é totalmente bem sucedida no Sri Lanka.

Esta investigação foi efectuada no Conselho Urbano de Balangoda, na cidade de Balangoda. O Conselho Urbano foi escolhido para a investigação porque é atualmente conhecido como uma das autoridades de gestão de resíduos mais bem planeadas no Sri Lanka e porque este conselho tem um mecanismo preferível para gerir os resíduos domésticos, os resíduos institucionais e os resíduos do mercado. Além disso, esta autoridade implementou vários programas e projectos para resolver o problema dos resíduos na divisão de uma forma progressiva desde 1999.

1.2   Problema de investigação

As autoridades de gestão de resíduos planeadas do Sri Lanka enfrentam alguns problemas devido a insuficiências no seu procedimento de gestão de resíduos sólidos urbanos. Apesar do facto de um sistema de gestão de resíduos concebido já ter sido implementado por estas autoridades locais através de vários programas, a sustentabilidade de tais métodos e tecnologias é ainda questionável. Embora a literatura existente abranja tópicos relacionados com vários estudos sobre a gestão de resíduos, como a compostagem, a eliminação de resíduos, a composição e a diluição de lixiviados, a investigação que pode ser utilizada para ajudar no planeamento eficaz da gestão de resíduos urbanos é muito limitada.

1.3   Objectivos da investigação

1.3.1   Objetivo geral

Investigar a sustentabilidade das actuais práticas de gestão dos resíduos sólidos urbanos no Sri Lanka, tomando como exemplo o Conselho Urbano de Balangoda.

caso

1.3.2   Objectivos específicos

Examinar o processo de gestão dos resíduos em curso no Conselho Urbano

Analisar os pontos fortes, os pontos fracos, as oportunidades e as ameaças (SWOT) nos processos

Avaliar a eficácia das actividades de gestão dos resíduos sólidos urbanos

1.4   Métodos de investigação

1.4.1   Conceção da investigação

O projeto de investigação utilizado consistiu essencialmente em quatro partes. Na primeira parte, foi apresentada em pormenor a situação atual da gestão dos RSU no Conselho Urbano de Balangoda, com base em informações recolhidas a partir de observações no terreno, relatórios governamentais, literatura relacionada com a gestão dos RSU, entrevistas com a comunidade da divisão e consultas ao pessoal do departamento governamental (por exemplo, pessoal da Autoridade Ambiental Central) responsável pelo planeamento e gestão dos resíduos urbanos. Em seguida, foi formulado um grupo de questões de investigação com o objetivo de diagnosticar os pontos fortes, os pontos fracos, as oportunidades e as ameaças da gestão dos RSU no Conselho Urbano de Balangoda. Na terceira parte, foi efectuada uma análise SWOT detalhada com base nas questões de investigação desenvolvidas. As respostas a essas questões foram extraídas através da análise da informação obtida com a distribuição de questionários aos cidadãos da zona e de uma série de entrevistas com as principais partes interessadas, que incluíam o pessoal da Autoridade Ambiental Central, os membros do Conselho

Urbano de Balangoda e os recursos universitários relevantes. Foram efectuadas cinco entrevistas, cada uma com uma duração de 40 a 50 minutos. Por último, foi efectuada uma análise da eficácia das actividades de gestão de resíduos com grupos de peritos, tais como pessoas com recursos universitários e membros da Autoridade Ambiental Central. Para o efeito, foi também utilizada a distribuição de questionários para detetar a aceitação e o envolvimento da comunidade no processo. Neste caso, foi atribuída uma determinada percentagem a cada atividade, tendo em conta os contextos ambientais, sociais, económicos e técnicos dos processos de gestão de resíduos sólidos urbanos para abordar a sustentabilidade do sistema em curso.

1.4.2   Fontes de dados

Foram utilizadas fontes de dados primárias e secundárias para examinar a situação atual do sistema de gestão de resíduos sólidos urbanos no Conselho Urbano de Balangoda. Além disso, apenas os dados primários foram utilizados para efetuar a análise SWOT e a análise da eficácia de forma descritiva.

1.4.3   Recolha de dados

Os quatro métodos de recolha de dados utilizados nesta investigação incluíram a observação física através de visitas ao terreno; a distribuição de questionários; a análise da literatura e dos relatórios governamentais; e entrevistas específicas. Nas visitas de campo, foram tiradas fotografias e observados alguns pontos de recolha de resíduos, o mecanismo de transporte e as actividades no centro de gestão de resíduos sólidos. No caso da distribuição de questionários, foram selecionados 100 representantes da comunidade, tais como residentes, crianças em idade escolar e homens de negócios da zona de Balangoda, que foram utilizados como amostra para cumprir esta etapa e obter opiniões sobre as práticas de gestão de resíduos em curso. Além disso, a informação relevante sobre a gestão de resíduos sólidos urbanos foi também extraída da literatura, como livros, artigos de jornais académicos e investigações anteriores sobre gestão de resíduos. Outros dados secundários, incluindo documentos, foram retirados do Conselho Urbano de Balangoda. Foi feita uma seleção explícita de entrevistados específicos para obter uma visão completa de todo o sistema de gestão de RSU para o Conselho Urbano de Balangoda.

Conselho. Estas entrevistas foram efectuadas formalmente, cara a cara, e os entrevistados têm um conhecimento relativamente profundo das práticas de gestão de resíduos sólidos urbanos no município de Balangoda. Para além disso, foram também entrevistados trabalhadores do centro de gestão de resíduos sólidos. O estudo foi realizado de outubro de 2013 a abril de 2014.

1.4.4   Análise de dados

O questionário e as notas das entrevistas foram analisados manualmente e a interpretação foi efectuada para produzir informação descritiva. A análise de conteúdo da literatura e dos relatórios foi utilizada para examinar os dados qualitativamente. A partir da análise das notas de campo, das notas das entrevistas e dos documentos relevantes, foram desenvolvidas linhas de história da gestão de resíduos no Conselho Urbano de Balangoda, a fim de estabelecer uma relação entre elas e desenvolver conclusões.

1.4.5   Justificação do método

A principal ferramenta utilizada para a investigação foi a abordagem da análise SWOT, que teve origem na disciplina de gestão empresarial e tem sido amplamente aplicada a um vasto lecue de disciplinas. Recentemente, foi efectuada uma análise SWOT sobre a gestão ambiental; os autores afirmaram que os resultados poderiam facilitar a melhoria do desempenho ambiental (Yuan, 2013). Na disciplina da gestão de resíduos, foi realizada uma investigação sobre a formulação de planos de ação estratégicos para a gestão dos resíduos sólidos urbanos em Lucknow; o estudo adcptou um método de investigação que integra a análise das partes interessadas na análise SWOT e apresentou um conjunto de planos de ação estratégicos concretos, tanto para a comunidade como para a empresa municipal, a fim de melhorar a gestão dos resíduos sólidos nessa região (Srivastava et al., 2005). Estes estudos demonstram claramente que a abordagem da análise SWOT é uma ferramenta mais adequada para investigar problemas numa perspetiva estratégica. Assim, foi adoptada no presente estudo para analisar estrategicamente o sistema de gestão de RSU no Conselho Urbano de Balangoda.

Figura 1.1: Metodologia de investigação (Fonte: Yuan, 2013)

1.5 Estrutura da dissertação

A dissertação tem cinco capítulos. *O primeiro capítulo* apresenta os antecedentes da investigação. Contém os antecedentes da investigação, a descrição do problema, os objectivos da investigação e a principal metodologia utilizada para a recolha e análise de dados. *O capítulo dois* explica os antecedentes teóricos e o quadro concetual aplicado ao estudo. *O Capítulo Três* apresenta uma panorâmica das várias práticas de gestão de resíduos urbanos efectuadas nos países em

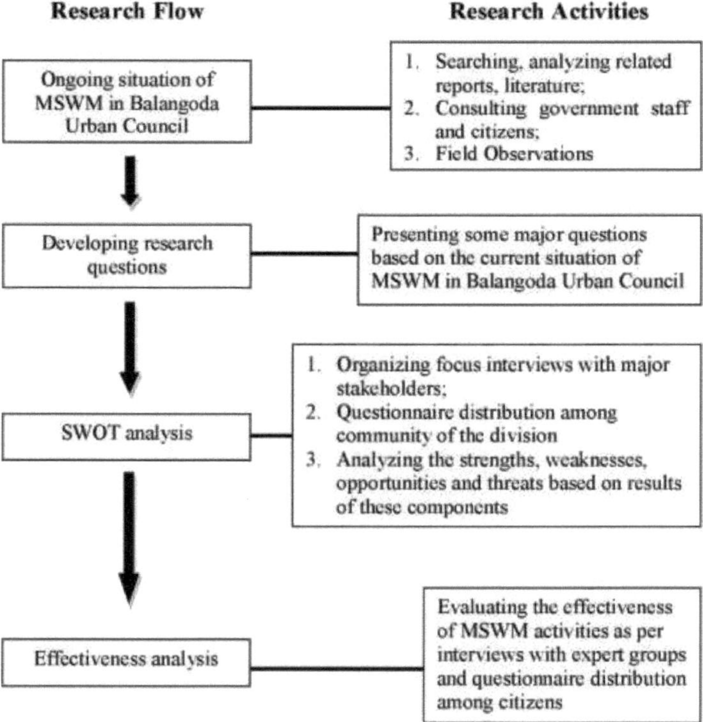

desenvolvimento, como revisão da literatura. Este capítulo descreve também os impactos devidos a actividades de gestão deficiente dos resíduos e os estudos de análise SWOT realizados sobre a gestão dos resíduos urbanos nos países em desenvolvimento. *O capítulo 4* explica o procedimento de gestão de resíduos do Conselho Urbano de Balangoda, que constitui o estudo de caso da investigação. Este capítulo apresenta as conclusões do estudo de caso obtidas a partir de várias fontes, incluindo relatórios governamentais e entrevistas. Os resultados representam as actuais práticas de gestão de resíduos sólidos e líquidos realizadas pelo Conselho Urbano. Além disso, analisa as conclusões do estudo de caso em relação aos critérios da abordagem da análise SWOT. Foram destacadas as potencialidades ambientais, sociais, económicas e técnicas dos actores envolvidos na gestão de resíduos e foi também investigada a eficácia dos processos em curso. *O quinto capítulo* apresenta uma conclusão para o estudo e propõe recomendações políticas para uma gestão adequada dos resíduos sólidos e líquidos urbanos.

1.6   Limitações do estudo

A principal limitação foi a falta de informação para a revisão da literatura sobre a aplicação da abordagem da análise SWOT à gestão dos resíduos sólidos urbanos no Sri Lanka. Além disso, não foi possível encontrar quaisquer dados publicados sobre a utilização desta abordagem em aplicações locais de gestão de resíduos sólidos urbanos. Por conseguinte, foi necessário recorrer a investigações semelhantes sobre a análise SWOT nos países em desenvolvimento, mas as fontes de informação utilizadas foram limitadas devido ao facto de terem sido efectuados poucos estudos sobre esta matéria.

Na recolha de dados com base na comunidade, foram adoptadas para a investigação apenas 100 representações da sociedade (cidadãos, estudantes e empresários).

1.7   Resumo do capítulo

O capítulo geral apresenta uma breve introdução a todo o trabalho de investigação, que inclui os antecedentes do estudo, a definição do problema da investigação, os objectivos da investigação como objetivo geral e objectivos específicos, os métodos de investigação utilizados no estudo, os principais contributos de cada capítulo e as limitações do estudo. Além disso, a parte relativa aos antecedentes fornece um esboço sobre a relevância do tema e a necessidade de investigação cient fica, o valor prático e teórico do tema e os motivos para a escolha do tema. Nos métodos de investigação, são claramente discutidos o desenho da investigação, as fontes de dados, a recolha de dados, a análise de dados e a fundamentação dos métodos selecionados. Além disso, as imperfeições na revisão da literatura e na recolha de dados são abordadas na secção sobre as limitações do estudo.

CAPÍTULO 2
ANTECEDENTES TEÓRICOS

2.1   Introdução

Este capítulo contém uma descrição explícita dos principais termos conceptuais utilizados na dissertação. Para tal, as teorias e conceitos aceites utilizados na literatura são abordados de forma abrangente. Além disso, neste capítulo é também esboçado um quadro concetual para a investigação, com as explicações necessárias.

2.2   Considerações teóricas

2.2.1   Definição de resíduos sólidos urbanos

Foram propostas várias definições para os resíduos sólidos urbanos e é difícil sugerir um significado exato para os RSU. Halder et al. (2014) definiram Resíduos Sólidos Urbanos como "nada mais do que material útil no local errado, aumentando a uma taxa muito elevada nas áreas urbanas". De acordo com Dasgupta (2013), os RSU incluem materiais degradáveis (papel, têxteis, restos de comida, palha e resíduos de quintal), parcialmente degradáveis (madeira, guardanapos descartáveis e lamas, resíduos sanitários) e não degradáveis (couro, plásticos, borrachas, metais, vidro, cinzas provenientes da queima de combustíveis como carvão, briquetes ou madeiras, poeiras e resíduos electrónicos). Ojo e Bowen (2014) entendem os RSU como "emissões não atmosféricas e de esgotos criadas num município e por ele eliminadas, incluindo lixo doméstico, resíduos comerciais, detritos de construção e demolição, animais mortos e veículos abandonados". Gurram et al. (2014) consideraram os RSU como "os resíduos comerciais e residenciais produzidos a nível municipal ou numa área notificada, que podem estar na forma sólida ou semi-sólida e excluem os resíduos industriais perigosos, mas incluem os resíduos biomédicos tratados". De acordo com Lin e Ying (2014), os RSU referem-se aos resíduos sólidos produzidos pelos residentes urbanos na sua vida quotidiana ou pelas empresas e instituições quando prestam serviços diários aos residentes, bem como aos resíduos considerados domésticos em relação aos requisitos das leis e regulamentos administrativos, que são um dos principais componentes dos resíduos sólidos.

Todas as definições acima referidas mostram que os resíduos sólidos urbanos são vulgarmente conhecidos como lixo ou resíduos de lixo ou entulho, que incluem predominantemente resíduos alimentares, varreduras de rua, resíduos de jardim, contentores, embalagens de produtos e outros resíduos inorgânicos diversos e resíduos de cafetaria de fontes residenciais, comerciais e industriais. De um modo geral, os RSU não incluem os resíduos industriais, os resíduos agrícolas e as lamas de depuração. No entanto, nos países em desenvolvimento, os RSU também contêm proporções variáveis de resíduos industriais de pequenas indústrias, animais mortos e matéria fecal (PNUD, 1987). Para além destes, os resíduos perigosos, como os resíduos electrónicos domésticos, bem como os resíduos de construção e demolição , misturam-se com os resíduos sólidos urbanos numa extensão limitada no Sri Lanka.

2.2.2   Gestão de resíduos sólidos urbanos

A gestão de resíduos sólidos urbanos é uma atividade que envolve a gestão desde a origem até ao processo de eliminação final (Jearnponk, 2013). Um sistema de gestão de RSU bem-sucedido utiliza muitos elementos funcionais inter-relacionados associados à prevenção; minimização; geração, caraterísticas e composição; armazenamento, manuseamento e separação no local; recolha; transferência e transporte; triagem; reutilização; reciclagem; compostagem; incineração e recuperação de energia; tratamento e eliminação final.

Prevenção

A prevenção é também referida como evitar, que é a melhor forma de gerir os resíduos. Este é o nível mais elevado da necessidade de sustentabilidade. No entanto, a prevenção de resíduos exige uma boa coordenação entre todos os envolvidos no processo de gestão de resíduos sólidos urbanos. Assim, é fundamental ter uma boa relação e comunicação com a comunidade local. A falta de comunicação e discussão pode levar a mal-entendidos e à produção de mais resíduos. Por conseguinte, devem ser implementados com frequência vários métodos de melhoramento para experimentar os benefícios da abordagem de uma gestão de excelência para a sustentabilidade dos RSU (Nagapan et al., 2012).

Minimização

A minimização ou redução foi classificada como a segunda forma mais preferível de gerir os RSU. Assim, a redução dos factores de produção de resíduos pode ajudar na gestão dos RSU. Estes passos reduzem a destruição do ambiente e reduzem os custos operacionais. Além disso, a minimização desde o início das actividades do dia a dia reduzirá a utilização de recursos e reduzirá os trabalhos de transporte. Por conseguinte, é necessário adotar e praticar o talento da minimização para reduzir os resíduos na fonte de geração (Nagapan et al., 2012).

Geração, caraterísticas e composição

O planeamento da gestão dos RSU exige o conhecimento da quantidade de resíduos produzidos, das suas caraterísticas e da sua composição. A quantidade e a composição dos RSU variam muito entre os diferentes municípios e épocas do ano. Os factores que influenciam as caraterísticas dos RSU são o clima, os costumes sociais, o rendimento per capita e o grau de urbanização e industrialização. A composição dos RSU recolhidos pode variar muito consoante a região geográfica e a estação do ano. O teor de humidade típico dos RSU pode variar de 15 a 40 por cento, dependendo da composição dos resíduos e das condições climáticas. A densidade dos RSU depende da composição e do grau de compactação (Singh et al., 2014). A informação sobre a composição química da parte orgânica dos RSU é importante para muitos processos, como a incineração, a compostagem, a biodegradabilidade, a produção de lixiviados e outros.

Armazenamento, manuseamento e separação no local

Os espaços de armazenamento no local são os locais de eliminação secundária (SDS), as estações de transferência e os pontos de entrega que recebem resíduos de fontes primárias (Ahsan et al., 2014). Os FDS são considerados como as instalações onde se acumulam grandes quantidades de resíduos. Um CDG pode ser um espaço aberto ou uma acumulação de resíduos sólidos à beira da estrada. Além disso, são grandes contentores de betão, grandes contentores de aço desmontáveis para transporte, espaços à beira da estrada e zonas baixas abertas não utilizadas.

O manuseamento e a separação de resíduos envolvem actividades associadas à gestão de resíduos até estes serem colocados em contentores de armazenamento para recolha. O manuseamento também inclui a deslocação dos contentores carregados até ao ponto de recolha. Nas zonas residenciais unifamiliares, a armazenagem de resíduos sólidos é efectuada pelos residentes e inquilinos. Os contentores habitualmente utilizados são os de plástico ou de metal galvanizado e os sacos de papel ou de plástico descartáveis. Os sacos de papel ou de plástico de utilização única são geralmente utilizados quando o serviço de recolha é prestado e o proprietário é responsável pela colocação dos sacos ao longo do passeio. Nos arranha-céus, os resíduos são recolhidos pelo pessoal de manutenção do edifício ou são previstas calhas verticais especiais para entregar os resíduos num local central para armazenamento, processamento ou recuperação de recursos (Singh et al., 2014). Além disso, a separação dos diferentes tipos de componentes dos resíduos é um passo importante no manuseamento e armazenamento dos resíduos sólidos na fonte.

Coleção

O elemento funcional da recolha inclui não só a recolha de resíduos sólidos e materiais recicláveis, mas também o transporte destes materiais, após a recolha, para o local onde o veículo de recolha é esvaziado. Este local pode ser uma instalação de processamento de materiais, uma estação de transferência ou um aterro sanitário. São utilizados vários métodos na recolha de resíduos. Nas áreas residenciais, os métodos de recolha mais comuns são o meio-fio ou o beco, o setout-setback e o transporte no quintal (Singh et al., 2014).

Transferência e transporte

Este elemento envolve duas etapas principais. Em primeiro lugar, os resíduos são transferidos de um veículo de recolha mais pequeno para um equipamento de transporte de maiores dimensões. Os resíduos são depois transportados, normalmente a longas distâncias, para um local de processamento ou eliminação. Além disso, as estações de transferência são estabelecidas em locais convenientes para fornecer processamento parcial ou completo de resíduos sólidos, como triagem, trituração, compactação, enfardamento ou compostagem (Singh et al., 2014).

Ordenação

A triagem de resíduos é também conhecida como separação manual ou recolha manual de lixo. A separação do material é efectuada pelos utilizadores na fonte ou separada dos resíduos misturados numa instalação de processamento central. A reutilização é o objetivo final dos materiais triados. Especialmente nos países desenvolvidos, são utilizados alguns métodos mecanizados de recuperação de materiais para uma gestão eficiente dos resíduos.

Reutilização

Muitos componentes dos RSU podem ser reutilizados como materiais secundários, o que constitui uma melhor opção para a proteção do ambiente. Entre estes, contam-se o papel, o cartão, o plástico, o vidro, os metais ferrosos, o alumínio e outros metais não ferrosos. Estes materiais devem ser separados dos fluxos de RSU. Com a reutilização, é possível reduzir o volume de resíduos que vão parar a um aterro sanitário.

Reciclagem

A reciclagem é o reprocessamento de resíduos, transformando-os no mesmo produto (reciclagem em circuito fechado) ou num produto diferente (reciclagem em circuito aberto) (Ahsan et al., 2014). É o principal mecanismo de recuperação de produtos úteis e de redução da quantidade de resíduos. Atualmente, muitos componentes dos RSU são reciclados.

Compostagem

A compostagem de resíduos sólidos urbanos é um método de gestão de resíduos sólidos em rápido crescimento em todo o mundo. A compostagem de RSU é o processo pelo qual a parte orgânica e biodegradável dos RSU é degradada microbiologicamente em condições aeróbicas. Durante o processo de degradação, as bactérias são utilizadas para decompor e decompor a matéria orgânica em água e dióxido de carbono, o que produz grandes quantidades de calor e vapor de água no processo. Com oxigénio suficiente e temperaturas óptimas, o processo de compostagem atinge um elevado grau de redução de volume e gera também um produto final estável chamado composto, que pode ser utilizado para cobertura vegetal, correção e melhoria do solo. Como forma de gestão de resíduos sólidos, a compostagem de RSU reduz a quantidade de resíduos que, de outra forma, acabariam em aterros.

Incineração e recuperação de energia

A incineração é um método de eliminação em que os resíduos sólidos orgânicos são submetidos a combustão e convertidos em resíduos e produtos gasosos. Este método é útil para a eliminação de resíduos tanto da gestão de resíduos sólidos como de resíduos sólidos da gestão de águas residuais. Este processo reduz os volumes de resíduos sólidos de 20 a 30 por cento do volume original. As incineradoras convertem os resíduos em calor, gás, vapor e cinzas.

A incineração de RSU também é utilizada para recuperar energia, como a eletricidade (Singh et al., 2014).

Tratamento

A maior parte dos processos de tratamento são efectuados para a gestão de resíduos municipais líquidos e semi-sólidos. As lamas de depuração humana são normalmente objeto de processos de tratamento nos municípios. Como resultado dos processos de tratamento das lamas, é fabricado o fertilizante noturno[1] , que é geralmente utilizado para aumentar a produtividade dos campos agrícolas. Para além disso, são aplicados métodos de tratamento físico, biológico e químico à purificação das lamas.

Eliminação final

Em todos os casos de actividades de gestão de resíduos, há um resíduo que deve ser depositado num aterro sanitário. A eliminação de resíduos em aterros envolve o enterramento dos resíduos e o despejo a céu aberto, que são práticas comuns na maioria dos países. Os aterros foram frequentemente estabelecidos em pedreiras abandonadas ou não utilizadas, vazios mineiros ou poços de empréstimo. Um aterro devidamente concebido e bem gerido, conhecido como aterro sanitário, é um método higiénico e relativamente dispendioso de eliminação de resíduos. Os aterros mais antigos, mal concebidos ou mal geridos podem criar uma série de impactos ambientais adversos, tais como lixo

---

[1] O solo noturno significa resíduos de sanitas e fossas sépticas

arrastado pelo vento, atração de parasitas e produção de lixiviados líquidos. Outro subproduto comum dos aterros é o gás (composto principalmente por metano e dióxido de carbono), que é produzido à medida que os resíduos orgânicos se decompõem anaerobicamente. Este gás pode criar problemas de odor, matar a vegetação à superfície e é um gás com efeito de estufa.

2.3 Quadro concetual

O desenvolvimento sustentável é um padrão de utilização dos recursos que visa satisfazer as necessidades humanas, preservando simultaneamente o ambiente, de modo a que essas necessidades possam ser satisfeitas não só no presente, mas também para as gerações futuras (Nações Unidas, 2007). A gestão sustentável dos resíduos é uma das aplicações utilizadas para alcançar o conceito de desenvolvimento sustentável em qualquer país. Para determinar a sustentabilidade de qualquer processo de gestão de resíduos, é importante determinar se o processo é amigo do ambiente, economicamente viável, socialmente aceitável ou tecnicamente exequível. O sucesso destes elementos pode ser compreendido através de uma investigação exaustiva das práticas de gestão de resíduos existentes nas autoridades responsáveis.

O respeito pelo ambiente depende principalmente das condições higiénicas do sistema. Para melhorar estes quatro factores, deveria haver um melhor mecanismo para adotar o conceito de gestão integrada dos resíduos sólidos. Este conceito inclui a redução de resíduos, a recuperação de recursos, a reutilização e a reciclagem, o tratamento biológico, a incineração e a deposição em aterro (Bandara, 2008). Para conseguir este melhor mecanismo, poderia ser incentivado o planeamento de práticas, a melhoria das tecnologias, a formação e a educação, as parcerias público-privadas-comunitárias, a qualidade dos produtos e a investigação. É importante notar que os recursos financeiros, tais como os fundos disponíveis, são a base fundamental para o êxito de qualquer processo de gestão de resíduos. Embora uma prática seja economicamente viável, tecnicamente exequível e socialmente aceitável, a prática é considerada insustentável se não for amiga do ambiente. Além disso, uma análise do status quo, uma análise SWOT e uma análise da eficácia podem ser utilizadas em conjunto para examinar este quadro concetual.

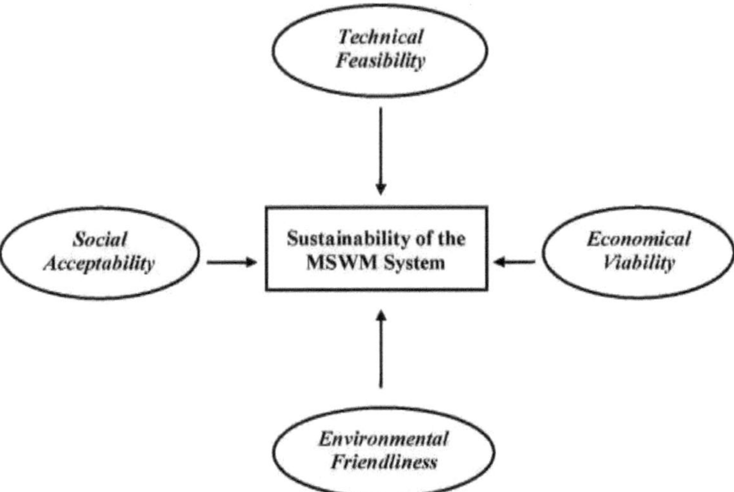

Figura 2.1: Quadro concetual (Fonte: Dados do inquérito, 2014)

2.4   Resumo do capítulo

A definição de Resíduos Sólidos Urbanos é bastante complicada porque foram introduzidos diferentes aspectos em alguns significados, de acordo com as exigências do país; no entanto, a inclusão global é muito semelhante. O procedimento de gestão dos resíduos sólidos urbanos de qualquer organismo funcional tem elementos teóricos que estão associados a uma vasta gama de actividades. Prevenção de resíduos; minimização; produção, caraterísticas e composição; armazenamento, manuseamento e separação no local; recolha; transferência e transporte; triagem; reutilização; reciclagem; compostagem; incineração e recuperação de energia; tratamento e eliminação final são termos utilizados principalmente na gestão de resíduos. Os principais factores que afectam a determinação da sustentabilidade de um determinado sistema de gestão de resíduos sólidos urbanos são o respeito pelo ambiente, a viabilidade económica, a aceitabilidade social e a viabilidade técnica, que são utilizados para conceber o sistema.

quadro concetual da investigação. Além disso, recorrendo a uma análise do status quo, a uma análise SWOT e a uma análise da eficácia, este quadro concetual pode ser investigado mais aprofundadamente.

CAPÍTULO 3
REVISÃO DA LITERATURA
3.1   Introdução

Este capítulo apresenta uma revisão exaustiva da literatura e dos conhecimentos relevantes, incluindo a investigação efectuada sobre a situação atual e a aplicação da análise SWOT da gestão dos resíduos sólidos urbanos nos países em desenvolvimento. Para apresentar toda a informação de forma sistemática, o capítulo foi dividido em quatro subsecções: Resíduos Sólidos Urbanos nos Países em Desenvolvimento, Práticas de Gestão de Resíduos Sólidos Urbanos nos Países em Desenvolvimento, Impactos das Actividades de Gestão de Resíduos Urbanos nos Países em Desenvolvimento e Análise SWOT da Situação da Gestão de Resíduos nos Países em Desenvolvimento.

3.2   Resíduos sólidos urbanos nos países em desenvolvimento

Os resíduos sólidos urbanos dos países em desenvolvimento contêm frequentemente os resíduos produzidos por fontes residenciais e industriais (resíduos não transformados), comerciais e institucionais, com exceção dos resíduos perigosos (que incluem resíduos médicos, resíduos minerais e resíduos radioactivos) e universais, dos resíduos de construção e demolição e dos resíduos líquidos, como a água, as águas residuais e os processos industriais (Tchobanoglous e Kreith, 2002). Além disso, os resíduos de mercado, os resíduos de estaleiro, as varreduras de rua e alguns casos de resíduos líquidos, como as lamas de depuração, também são acrescentados às categorias de RSU (Simon, 2008).

A composição dos RSU é mais elevada na maioria das suas caraterísticas quando comparada com a dos países desenvolvidos. Os resíduos têm uma densidade 2-3 vezes superior; teor de humidade 2-3 vezes superior; com grande quantidade de resíduos orgânicos; poeiras e varreduras de rua do que nos países industrializados. No entanto, os resíduos têm, em média, um tamanho de partícula mais pequeno do que nos países industrializados (Blight e Mbande, 1996).

Os resíduos sólidos dos municípios do Sri Lanka consistem normalmente numa percentagem muito elevada de material orgânico perecível, que é de cerca de 65 - 66% em peso, com quantidades moderadas de plásticos e papel e baixos teores de metal e vidro. O teor de humidade dos RSU é também muito elevado, na ordem dos 70 a 80% em peso húmido. O valor calorífico médio é baixo, cerca de 600 - 1.000 kcal/kg (Bandara, 2008).

3.3   Práticas de gestão de resíduos sólidos urbanos nos países em desenvolvimento

A gestão dos resíduos sólidos urbanos é uma questão importante em muitos países em desenvolvimento. Geralmente, a gestão de resíduos sólidos urbanos engloba o planeamento, a engenharia, a organização, a administração, os aspectos financeiros e jurídicos das actividades associadas à geração, crescimento, armazenamento, recolha, transporte, processamento e eliminação de uma forma ambientalmente compatível, adoptando princípios de economia e estética (Dasgupta, 2013). A prestação do serviço de gestão dos resíduos sólidos urbanos é da responsabilidade das autarquias locais. Os governos gastam cerca de 20 a 50% do seu orçamento na gestão dos resíduos sólidos, mas apenas 20 a 80% dos resíduos são geridos (Simon, 2008).

No Sri Lanka, a recolha de RSU é muito deficiente, pois das 309 autoridades locais (AL), 87% recolhem menos de 10 toneladas/dia cada uma e a estimativa total da recolha de resíduos é de 2 683 toneladas/dia, embora a quantidade total diária de RSU produzidos seja de cerca de 6 400 toneladas (Bandara, 2008). Em muitos países em desenvolvimento, a principal razão para a incapacidade de gerir os resíduos deve-se ao rápido crescimento da população associado à expansão das cidades, à diminuição dos recursos financeiros e a um planeamento urbano deficiente (Simon, 2008).

Foi observado que, só nos países em desenvolvimento, a população urbana aumenta cerca de cinquenta (50) milhões por ano, com taxas médias de produção de resíduos de 0,4 a 0,6 kg/pessoa/dia (Choguill, 1996). Ao considerar o caso do Sri Lanka, Bandara (2008) mencionou que a produção média diária de resíduos sólidos per capita era de 0,85 kg no Conselho Municipal de Colombo (CMC), 0,75 kg noutros Conselhos Municipais (MC), 0,6 kg nos Conselhos Urbanos (UC) e 0,4 kg no Pradeshiya Sabha [2] (PS), respetivamente. Por conseguinte, os governos dos países em desenvolvimento debatem-se com os problemas dos elevados volumes de resíduos produzidos; as tecnologias de eliminação e os custos envolvidos na gestão dos resíduos (Rotich et al., 2005).

A hierarquia de gestão de resíduos sólidos urbanos adoptada a nível mundial é constituída por elementos como a prevenção, a minimização, a reutilização, a reciclagem, a compostagem, a recuperação de energia, o tratamento e a deposição em aterro (Li, 2013). Normalmente, as autoridades governamentais locais de muitos países incorporam a participação do sector privado na prestação de serviços de gestão de resíduos sólidos. Estes serviços abrangem a recolha e a transferência de resíduos; a compostagem e a reciclagem; a eliminação; e, em alguns casos, a recuperação de recursos (energia) (Simon, 2008). Segue-se uma descrição dos serviços de gestão de resíduos sólidos urbanos nos países em desenvolvimento.

---

[2] Sinónimo de Conselhos de Divisão

3.3.1   Sistema de recolha e transporte de resíduos

A recolha é uma atividade que consiste em recolher os resíduos dos caixotes do lixo e transportá-los para um aterro sanitário. No entanto, o sistema de transporte de resíduos urbanos é complicado devido à escolha dos camiões de resíduos, à organização das rotas e à decisão sobre os locais de transporte adequados (Jeamponk, 2013). A recolha de RSU é difícil, complexa e dispendiosa, além de consumir 60 a 80% do orçamento total de resíduos sólidos de uma comunidade (Singh et al., 2014). As opções operacionais para a recolha de resíduos primários nos países em desenvolvimento são a recolha porta-a-porta, o armazenamento comunitário ou o sistema de transporte e a recolha casa-a-casa com camiões (Simon, 2008).

A recolha porta-a-porta é o primeiro método em que os serviços são normalmente efecruados através de carrinhos de mão ou carroças de burro (Simon, 2008). Além disso, é utilizada uma tecnologia sustentável e de baixo custo através de carrinhos manuais. Não são poluentes, são baratos no fabrico e na operação, têm um design bastante simples e são produzidos e mantidos localmente. Este método adapta-se melhor a povoações não planeadas e a zonas de baixos rendimentos com ruas estreitas (Simon, 2008).

O segundo é um método de armazenagem colectiva. Implica a recolha num espaço público onde as empresas privadas têm menos interesse em prestar serviços de recolha (Simon, 2008). Este sistema de recolha é um serviço de recolha que utiliza pontos fixos, contentores colectivos também designados por baldes. Os contentores têm uma capacidade de carga máxima de 16 m^3 cada. A localização destes contentores é determinada pela densidade populacional e pela acessibilidade das estradas aos carregadores (Simon, 2008). Os contentores são colocados numa posição acessível e o mais proporcional possível aos agregados familiares. A recolha colectiva é a alternativa mais barata em termos de dinheiro, uma vez que os agregados familiares contribuem em géneros para o serviço pela simples entrega dos seus resíduos. A armazenagem colectiva é um sistema de recolha simples e descomplicado, sem taxas para a recolha primária. No entanto, para serem aceites pelos utilizadores, os pontos de armazenagem colectiva têm de estar localizados a uma distância razoável dos agregados familiares. Caso contrário, os residentes poderão depositar os seus resíduos noutro local, se este estiver demasiado afastado das zonas residenciais. O método tem a desvantagem de não ser fácil monitorizar os residentes em termos de entrega de resíduos nos pontos de recolha colectiva (Simon, 2008).

O terceiro método consiste na recolha casa a casa com camiões. Este método é utilizado em zonas residenciais bem planeadas e com rendimentos elevados (Simon, 2008). Camiões de recolha com cerca de 5 m³ de carga útil percorrem as ruas a serem servidas. Cada camião desloca-se com os trabalhadores de recolha que chamam a atenção dos agregados familiares através de um alarme manual para que levem os seus resíduos para a recolha (Kassim e Mansoor, 2006). A recolha casa a casa com camiões pode ser mais eficiente do que com carrinhos operados manualmente quando os acessos às estradas são adequados. A principal vantagem deste sistema é que os resíduos podem ser transferidos diretamente para os locais de eliminação, evitando assim as dificuldades de interface com o sistema de recolha secundária (Simon, 2008).

3.3.2 Métodos de eliminação

As práticas de eliminação dos RSU são influenciadas pela oferta de serviços de eliminação de resíduos e outras infra-estruturas (Simon, 2008). Os métodos comuns de eliminação de resíduos nos países em desenvolvimento são observados como sendo o despejo a céu aberto, o enterramento e a queima de resíduos em espaços abertos, o aterro sanitário, a reciclagem, a compostagem, a incineração e a recuperação de energia (Wilson et al., 2006). Estes métodos são discutidos de seguida:

Dumping aberto

O despejo a céu aberto é o método mais comum de eliminação de resíduos sólidos em países não industrializados (Wilson et al., 2006). As lixeiras estão frequentemente localizadas em terrenos pantanosos ou em zonas baixas, sendo os resíduos utilizados para a recuperação de terrenos (Muttamara e Shing, 1997). Em muitos países em desenvolvimento, a eliminação de resíduos sólidos continua a ser feita a céu aberto, por razões como a ignorância (dos riscos para a saúde associados à deposição de resíduos); ou a aceitação do status quo devido à falta de recursos financeiros para fazer algo melhor; ou a falta de vontade política a todos os níveis do governo para proteger e melhorar a saúde pública e o ambiente (Visvanathan et al., 2003). A prática de descargas a céu aberto cria geralmente impactos ambientais adversos, não só ameaçando a saúde das pessoas que se encontram nas proximidades, mas também o seu ambiente imediato, o que, por sua vez, afecta a sua vida económica e social (Muttamara e Shing, 1997).

Enterramento de resíduos no solo

Outro método de eliminação de RSU frequentemente utilizado nos países em desenvolvimento é o enterramento de resíduos no solo (Halla e Bituro, 1999). Os resíduos são cobertos e enterrados no solo, onde depois são completamente esquecidos (Muttamara e Shing, 1997). Este método tem a vantagem de reduzir os odores e de desencorajar os ratos e outros animais nocivos quando os resíduos são inteiramente orgânicos. Quando o fluxo de resíduos tem resíduos inorgânicos, como o plástico, o método causa implicações ambientais associadas à poluição do solo (Simon, 2008).

Queima de resíduos

Nos países em desenvolvimento, a queima de resíduos ainda é praticada (Simon, 2008). A queima de resíduos é efectuada no quintal das casas, em espaços abertos ou nas lixeiras. A principal justificação para a queima de resíduos é a redução do volume de resíduos a descoberto (Simon, 2008). Estas práticas são desaconselhadas porque, para além de aumentarem a pressão sobre a qualidade do solo, do ar e da água, constituem uma ameaça para a saúde humana (Beede e David, 1995).

Aterro sanitário

O aterro sanitário é um método de eliminação de resíduos em que estes são depositados em terra, o que implica o planeamento e a aplicação de princípios de engenharia e técnicas de construção sólidas (Mato, 1999). A operação destes aterros envolve a compactação de resíduos sólidos em camadas, cobrindo-os depois com uma camada de solo compactado no final de cada dia de operação (Singh et al., 2014). Com a cobertura e os princípios de engenharia, os resíduos são depositados sem criar incómodos ou riscos para a saúde pública e sem contaminar as águas subterrâneas ou superficiais (Simon, 2008). Quando estão disponíveis locais adequados e princípios de engenharia, o aterro sanitário é o método mais apropriado de eliminação de resíduos nos países em desenvolvimento (Kaseva e Stephen, 2000).

Embora esta opção de eliminação se adeqúe bem aos países em desenvolvimento, muito poucos países como a Índia, o Brasil e a África do Sul construíram aterros sanitários (Simon, 2008). O Sri Lanka também ainda não tem em funcionamento um aterro sanitário de última geração totalmente controlado (Bandara, 2008). Isto deve-se ao facto de os aterros sanitários não serem considerados uma prioridade na maioria dos países em desenvolvimento. Outra razão para a falta de aterros sanitários nos países em desenvolvimento é a ausência de diretrizes adequadas para a localização, conceção e funcionamento de aterros sanitários específicos para os países em desenvolvimento (Simon, 2008). Geralmente, as únicas diretrizes disponíveis para aterros sanitários são as adequadas para os países desenvolvidos. Estas orientações baseiam-se em normas e práticas tecnológicas adaptadas às condições e regulamentos dos países desenvolvidos e não têm em conta os diferentes aspectos técnicos, económicos, sociais e institucionais dos países em desenvolvimento (Simon, 2008).

Método de reciclagem

A reciclagem é geralmente o método de eliminação de resíduos mais consciente do ponto de vista ambiental e mais económico (Nas e Jaffe, 2004). Muitos componentes dos RSU são atualmente reciclados nos países em desenvolvimento (Singh et al., 2014). A reciclagem de resíduos ao nível da produção pode subsequentemente reduzir os resíduos que chegam às lixeiras e aos aterros. A reciclagem não só melhora o processo de gestão dos RSU, como também traz benefícios económicos para as pessoas envolvidas (Simon, 2008).

Dependendo do local onde se efectua a recuperação dos materiais, Medina (2000) e Wilson et al. (2006) identificaram três categorias de reciclagem de resíduos nos países em desenvolvimento. A primeira categoria é a dos colectores de resíduos itinerantes que recolhem os materiais recicláveis dos agregados familiares e dos resíduos mistos em contentores comuns. Os colectores de resíduos transportam os resíduos recicláveis para uma loja de reciclagem. A segunda categoria é constituída por equipas de recolha de resíduos urbanos. Estas recolhem as matérias-primas secundárias dos veículos que transportam os resíduos urbanos para os locais de eliminação. Os materiais recuperados são depois vendidos a agentes de reciclagem. A terceira categoria é a dos catadores de lixo das lixeiras, em que os catadores selecionam os resíduos antes de serem cobertos por um bulldozer. Esta prática está associada às comunidades que vivem perto da lixeira.

Embora a reciclagem seja uma solução aceite para a eliminação de resíduos sólidos, existe um limite para a quantidade de reciclagem que pode ser alcançada economicamente (Bartone, 1990). Os principais factores que afectam o potencial de reciclagem de materiais incluem o custo da separação do material reciclável, a pureza e a quantidade de materiais, a existência de mercados locais e nacionais, a necessidade de matérias-primas secundárias, o nível de intervenção governamental reguladora e os preços dos materiais virgens (Wilson et al., 2006).

Método de compostagem

A compostagem é uma prática agrícola antiga para a reutilização de resíduos orgânicos e nutrientes para a produção de culturas (Simon, 2008). Sob condições aeróbicas controladas, a decomposição biológica de resíduos orgânicos produz um material semelhante ao solo, frequentemente conhecido como composto, e é a forma natural de reciclar os resíduos orgânicos em novo solo utilizado em hortas e jardins, paisagismo e muitas outras aplicações (Ahsan et al., 2014). A compostagem é uma solução ideal para a eliminação de resíduos nos países em desenvolvimento devido à grande percentagem de matéria orgânica contida no fluxo de resíduos (Yhdego, 1995).

Apesar do seu potencial como método sustentável de recuperação de resíduos orgânicos, a compostagem não tem tido grande sucesso e não está generalizada na prática em todos os países em desenvolvimento (Simon, 2008). A experiência mostra que muitos esquemas de compostagem falharam no passado devido a tecnologias inadequadas, tais como instalações centralizadas não adequadas às condições locais; atenção inadequada aos requisitos do processo biológico; falta de visão e de planos de marketing para o produto final do composto; modelos de negócio fracos; e preocupação ambiental com resíduos industriais ou resíduos tóxicos que podem entrar no fluxo de resíduos e acabar no composto (Simon, 2008).

Incineração e recuperação de energia

A incineração de RSU é praticada para reduzir o volume de resíduos e recuperar energia. Os incineradores de alimentação descontínua construídos nas décadas de 1930 e 1940 reduziram o volume, mas contribuíram grandemente para os problemas de poluição atmosférica. A maioria destes incineradores foi encerrada ou substituída por modelos mais recentes. Os incineradores mais recentes utilizam tecnologias inovadoras para produzir vapor de forma mais eficiente e reduzir os poluentes atmosféricos em maior medida. Os custos de capital e de funcionamento são, no entanto, bastante elevados. Por conseguinte, muitos municípios dos países em desenvolvimento procuram métodos mais económicos, como os aterros sanitários, para a eliminação de resíduos sólidos (Singh et al., 2014).

3.4   Impactos das actividades de gestão de resíduos urbanos nos países em desenvolvimento

A produção acelerada de RSU tornou-se um dos principais problemas ambientais urbanos em muitos territórios em desenvolvimento (Ranaweera e Trankler, 2001). Por outro lado, os impactos ambientais adversos de uma gestão inadequada dos RSU têm origem numa recolha, recuperação de materiais recicláveis e eliminação de resíduos inadequadas. Estes impactos devem-se também à localização, conceção, funcionamento ou manutenção inadequados das lixeiras e aterros (Simon, 2008). A gestão inadequada dos resíduos está associada aos seguintes impactos ambientais nos países em desenvolvimento:

3.4.1   Ameaças a civis

Os materiais orgânicos em decomposição representam grandes riscos para a saúde pública e servem de viveiro para os vectores de doenças. Os manipuladores de resíduos e os recolhedores são as pessoas mais vulneráveis (Muttamara e Shing, 1997). Podem estar expostos a vectores que transmitem doenças quando os excrementos humanos ou animais ou os resíduos médicos se encontram no fluxo de resíduos. Nos bairros de lata onde se situam lixeiras ou onde um aterro sanitário é incorretamente explorado, os deslizamentos de terras ou os incêndios destroem geralmente casas e ferem os residentes (Simon, 2008). A acumulação de resíduos ao longo das ruas pode apresentar riscos físicos, entupir os esgotos e causar inundações localizadas (Simon, 2008).

3.4.2   Poluição das águas superficiais e subterrâneas

A deposição a céu aberto de resíduos com maior teor orgânico agrava os problemas devido à formação de grandes quantidades de lixiviados altamente poluídos (Ariyawansha et al., 2009). O lixiviado é o líquido contaminante que escorre dos aterros sanitários ou de qualquer outro local de deposição de resíduos. É gerado pelo excesso de água da chuva que percola através das camadas de resíduos num aterro sanitário. Os lixiviados podem conter contaminantes como metais pesados, compostos químicos tóxicos e organismos patogénicos (Peter et al., 2002). Quando é libertado para o ambiente, podem surgir problemas ambientais graves, como a contaminação das águas superficiais e subterrâneas (Sawyer et al., 2003).

3.4.3   Poluição atmosférica

Quando os resíduos orgânicos são depositados em lixeiras a céu aberto, sofrem uma degradação anaeróbica e tornam-se fontes significativas de metano, um gás com um efeito 21 vezes superior ao do dióxido de carbono na retenção de calor na atmosfera (Muttamara e Shing, 1997). A contribuição para o orçamento de gases com efeito de estufa do Sri Lanka associada ao metano libertado para a atmosfera a partir das lixeiras a céu aberto de RSU é significativa (Ramya Kumari e Bandara, 2004). Para além dos gases com efeito de estufa, os outros gases libertados no processo de degradação dos resíduos, como o sulfureto de hidrogénio e os compostos orgânicos voláteis (COV), podem criar problemas de odores (Bandara, 2008).

A queima de resíduos a céu aberto, que é outra prática comum atualmente, causa outro conjunto de impactos ambientais ao emitir gases nocivos para o ambiente (Bandara, 2008). A queima de lixo cria um fumo espesso que contém monóxido de carbono, fuligem e óxidos de azoto, todos eles perigosos para a saúde humana e que degradam a qualidade do ar urbano. A combustão de policloretos de vinilo (PVC) e a emissão de COV geram dioxinas altamente cancerígenas e podem aumentar potencialmente os riscos de cancro para as comunidades locais (El-Fadel et al., 1997).

3.4.4   Danos ao ecossistema

Quando os RSU são despejados em rios ou cursos de água, podem alterar os habitats aquáticos e prejudicar as plantas e os animais nativos. O elevado teor de nutrientes nos resíduos orgânicos pode esgotar o oxigénio dissolvido nas massas de água, negando oxigénio aos peixes e a outras formas de vida aquática. Os sólidos podem causar sedimentação e alterar o caudal dos cursos de água e os habitats do fundo (Simon, 2008). As actuais práticas de gestão de resíduos nos países em desenvolvimento, que consistem em instalar lixeiras em ecossistemas sensíveis, podem destruir ou danificar significativamente estes valiosos recursos naturais e os serviços que prestam (Beede e David, 1995).

3.5   Análise SWOT Situação da gestão de resíduos nos países em desenvolvimento

Os estudos sobre a análise dos Pontos Fortes, Pontos Fracos, Oportunidades e Ameaças (SWOT) sobre a gestão dos resíduos sólidos urbanos nos países em desenvolvimento são limitados. Além disso, as nações não industrializadas, como a Índia e a China, utilizaram o processo de análise SWOT para locais selecionados, como cidades e municípios. No entanto, estes estudos limitam-se a várias investigações. Alguns países em vias de desenvolvimento efectuaram uma análise SWOT para o procedimento de gestão de resíduos existente nos seus municípios, identificando parcialmente os desafios e as oportunidades.

3.5.1   Situação dos países em desenvolvimento

Ao considerar a situação indiana, Srivastava et al. (2005) sugeriram uma análise SWOT baseada nas partes interessadas para uma gestão bem sucedida dos RSU na cidade de Lucknow, na Índia. Neste caso, o inquérito de base foi totalmente realizado de acordo com o método comum utilizado no processo de análise SWOT, que consiste na utilização de uma folha de cálculo de actividades e em entrevistas com as partes interessadas (incluindo departamentos governamentais, instituições, ministérios e representantes da comunidade) da gestão dos RSU em Lucknow. Por fim, concluíram que a análise SWOT era uma excelente ferramenta para explorar as possibilidades e formas de iniciar e implementar com êxito o programa de gestão dos resíduos sólidos urbanos. Nesta investigação, a análise SWOT analisou o sucesso de diferentes cenários através de uma abordagem sistemática de introspeção das preocupações positivas e negativas da gestão de resíduos sólidos através da participação da comunidade. Além disso, Florence (2013) avaliou os métodos, o seu potencial para ultrapassar os desafios que os resíduos sólidos colocam e as suas deficiências nos países em desenvolvimento.

Yuan (2013) mencionou uma análise SWOT para a gestão de resíduos de construção (CWM) na cidade costeira de Shenzhen, na China. A análise da situação da gestão de resíduos de construção através da pesquisa, análise de regulamentos, relatórios, literatura e consulta do pessoal do governo em Shenzhen; o desenvolvimento de questões de investigação; a análise SWOT; e a proposta de recomendações políticas para uma melhor gestão dos resíduos de construção foram os principais passos da sua metodologia global. Apresentou as condições internas e externas da gestão dos resíduos de construção em Shenzhen, no Sul da China, através de uma análise SWOT exaustiva. Com base nos pontos fortes e fracos identificados, propôs sete estratégias críticas para melhorar a situação da gestão de resíduos de construção em Shenzhen. Estas estratégias incluem: estabelecer um mecanismo para determinar a responsabilidade dos vários departamentos governamentais envolvidos, promulgar regulamentos pormenorizados sobre a gestão de resíduos de construção, investigar as quantidades de resíduos de construção gerados em Shenzhen e planear adequadamente as instalações de resíduos de construção, implementar a gestão de resíduos de construção ao longo do ciclo de vida dos projectos de construção, implementar um programa-piloto de aplicação de materiais de construção reciclados, criar um instituto de investigação de resíduos de construção em Shenzhen e aumentar a sensibilização para a gestão de resíduos de construção através de actividades de formação e promoção.

Com uma investigação aprofundada sobre o cenário da gestão de resíduos sólidos no município de Hetauda, no Nepal, Bigyan Neupane e Shuvee Neupane (2013) afirmaram que a insustentabilidade dos serviços prestados e as falhas operacionais do local de despejo são questões importantes nas práticas de gestão de resíduos sólidos do sistema. Por outro lado, Xuan e Ling (2014) propuseram oportunidades para uma gestão global de RSU bem-sucedida, especialmente centrada nos países em desenvolvimento, como o reforço da cooperação regional para a investigação em matéria de gestão de RSU, o reforço da capacidade executiva do governo local e o aumento do estudo quantitativo dos RSU.

3.5.2   Situação do Sri Lanka

Embora existam estudos de caso para explicar a situação atual das abordagens de gestão de resíduos sólidos urbanos no Sri Lanka, como o de Bandara (2008), não há dados publicados sobre a aplicação da análise SWOT à gestão de resíduos sólidos urbanos a nível local, de acordo com o conhecimento do autor. Por conseguinte, trata-se de uma aplicação necessária e oportuna para garantir e promover a eficiência dos actuais sistemas de gestão de resíduos dos municípios, conselhos urbanos e Pradeshiya Sabha no Sri Lanka.

3.6   Conclusão

A gestão dos resíduos sólidos urbanos é atualmente um dos factores mais importantes em cada sociedade que deve merecer atenção, pois é a solução globalmente aceite para a agregação contínua do problema dos resíduos em cada território. Os métodos de gestão dos RSU nos países em desenvolvimento vão desde a queima a céu aberto, o enterramento, o aterro sanitário, a reciclagem, a incineração, a recuperação de energia até às opções de compostagem. O método de compostagem parece ser o melhor método de eliminação de resíduos nos países em desenvolvimento devido à grande percentagem de matéria orgânica contida no fluxo de resíduos urbanos. Esta opção não é viável devido à baixa procura de composto e aos fracos investimentos efectuados para promover as infra-estruturas de compostagem. Consequentemente, os resíduos são, em grande parte, depositados em lixeiras que colocam muitos problemas ambientais e riscos para a saúde da comunidade. Por conseguinte, os procedimentos de gestão dos resíduos sólidos urbanos em muitos países em desenvolvimento são bastante caóticos e precisam de ser analisados e reforçados. Como uma das soluções ideais para uma gestão adequada dos RSU, a análise SWOT pode ser praticada em cada município ou conselho urbano para identificação inicial da situação existente. Após esta identificação, podem ser apresentadas, desenvolvidas e aplicadas estratégias adequadas para melhorar a eficiência dos processos de gestão de resíduos. No entanto, de acordo com o conhecimento do autor, não existe informação publicada sobre a aplicação da análise SWOT para detetar a eficácia dos procedimentos de gestão dos RSU no Sri Lanka.

CAPÍTULO 4
ANÁLISE E RESULTADOS
4.1 Introdução

Este capítulo inclui uma análise pormenorizada da investigação global. Os resultados obtidos são também explicados em cada parte da análise. Além disso, as investigações são discutidas em três subsecções principais, nomeadamente a análise da situação atual, a análise SWOT e a análise da eficácia do procedimento de gestão dos resíduos sólidos urbanos no Conselho Urbano de Balangoda.

4.2 Análise da situação atual da gestão de resíduos no conselho urbano de Balangoda

4.2.1 Produção, fontes e composição dos resíduos sólidos urbanos

O Conselho Urbano de Balangoda é a autoridade responsável pela gestão global dos resíduos na zona da cidade de Balangoda, que inclui apenas os resíduos urbanos. Para compreender melhor a situação atual da gestão de resíduos sólidos urbanos na zona do Conselho Urbano de Balangoda, é necessário apresentar dados sobre a produção de resíduos e as suas caraterísticas.

A atual produção diária de RSU na cidade de Balangoda é de 20 toneladas, que aumenta para 25 toneladas aos domingos por ser o dia habitual de feira para os cidadãos[3] . Além disso, a quantidade de resíduos sólidos na época festiva (período do Ano Novo) aumenta de 5 a 6 toneladas/dia, em comparação com o valor típico, que é de apenas 5 a 6 dias (em abril) durante todo o ano[4] . No entanto, a taxa de produção de resíduos sólidos per capita varia entre as diferentes categorias de pessoas da zona e não é corretamente calculada. As principais fontes de RSU na divisão do Conselho Urbano de Balangoda são os agregados familiares, os estabelecimentos comerciais, como mercados e restaurantes, os serviços municipais (varredura de ruas e limpeza de esgotos), bem como as instituições, incluindo escolas e repartições públicas. Para além destes, os resíduos de construção e demolição também são tidos em conta na gestão de uma quantidade muito pequena (Relatório BUC, 2013).

Municipal Waste of Balangoda town typically consists of a very high percentage of perishable organic food materials (vegetables, fruits, rice, animal/fish flesh and so on) with moderate amounts of 11 category recyclable and other useful materials as paper, cardboard, polythene, plastic, glass bottles, coconut shells, aço, cascas de coco rei, latas, pneus e tubos, bem como baixos teores de materiais de descarte como baterias, folhas de almoço, regiformes, discos compactos, papéis laminados, cabelos,

---

[3] Entrevista com o Sr. Dinusha Vitharama, funcionário do Conselho Urbano de Balangoda
[4] Entrevista com Nimal Premathilake, Inspetor-Chefe da Saúde Pública, Conselho Urbano de Balangoda

lâmpadas quebradas, vidro industrial, materiais de construção, alumínio e galhos de árvores que são finalmente liberados para o aterro (Relatório BUC, 2013). O teor de humidade dos RSU é também elevado numa base de peso húmido[5] . Além disso, o valor calorífico médio é baixo, cerca de 600 - 1.000 kcal/kg[6]

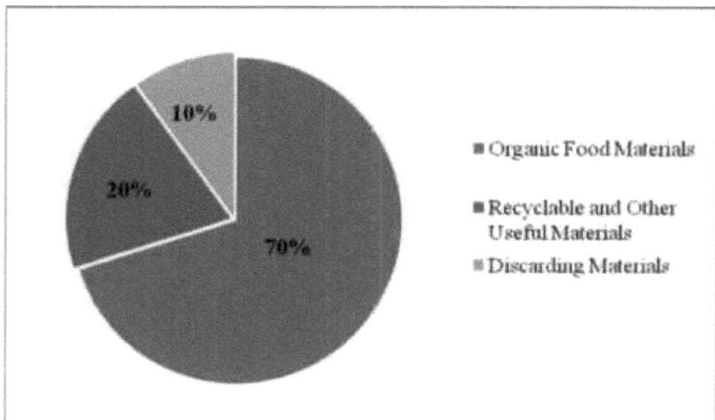

Figura 4.1: Composição dos RSU na área do Conselho Urbano de Balangoda (Fonte: Relatório BUC, 2013)

A composição dos resíduos na cidade de Balangoda depende dos níveis de rendimento das pessoas, do comportamento dos consumidores e dos estilos de vida .[7]

---

[5] Entrevista com o Dr. P.I. Yapa, Faculdade de Ciências Agrícolas, Universidade Sabaragamuwa do Sri Lanka
[6] Ibid.[5]
[7] Ibid.[4]

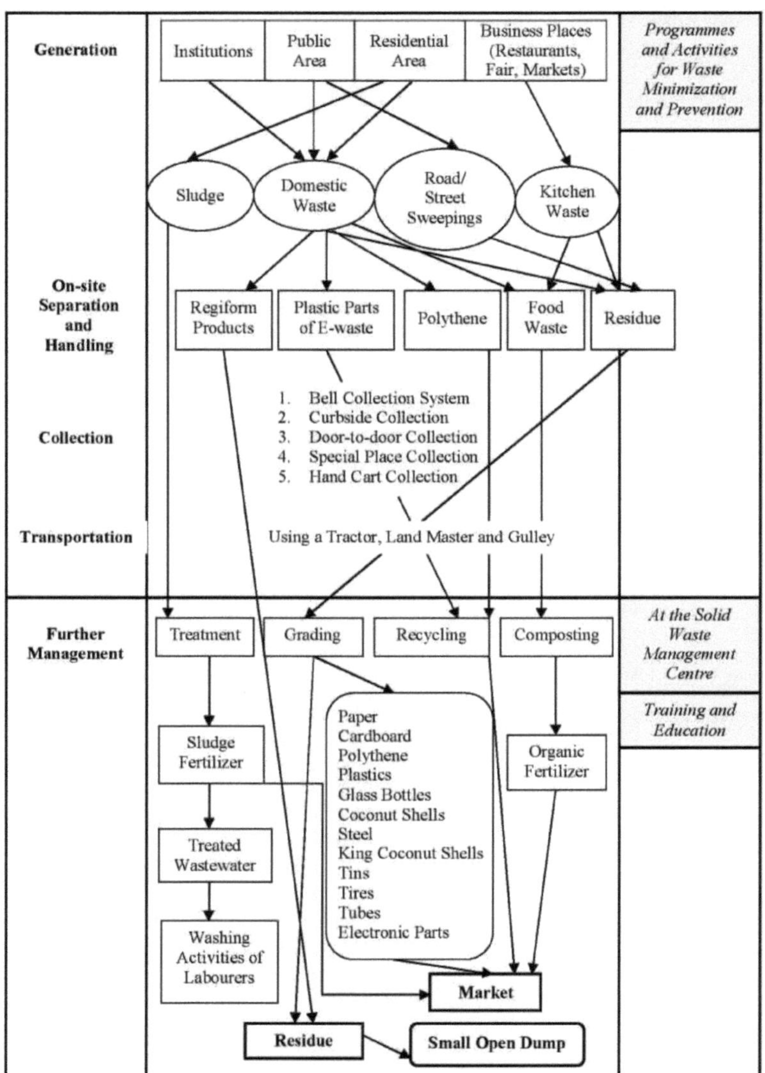

Figura 4.2: Resumo do sistema de gestão de resíduos sólidos urbanos no Conselho Urbano de Balangoda

(Fontes: Inquérito de campo e Relatório BUC, 2013)

4.2.2 Procedimento de gestão de resíduos

As actuais práticas de gestão de resíduos sólidos urbanos do Conselho Urbano de Balangoda abrangem seis segmentos que são discutidos nas sub-secções seguintes.

Minimização e prevenção de resíduos

Para uma minimização e prevenção adequadas dos resíduos urbanos, o Conselho Urbano de Balangoda entregou 100 contentores para a preparação de composto aos cidadãos[8]. Além disso, esta Assembleia Municipal já planeou a entrega de mais 100 contentores num futuro próximo. O objetivo desta atividade é reduzir a produção de resíduos através do processo de compostagem e utilizar este fertilizante para a jardinagem doméstica (Relatório BUC, 2013). No entanto, a tarefa continua a ser um fracasso devido à falta de pessoal para uma monitorização bem sucedida.[9]

Como resultado de programas de sensibilização bem geridos, o Conselho Urbano de Balangoda diminuiu significativamente os níveis de produção de resíduos vegetais no atual[10]. Além disso, este conselho deixou de trazer talos de plátanos para as feiras de domingo porque estes talos são muito difíceis de compostar (Relatório BUC, 2013).

Além disso, esta AL já implementou várias outras práticas de gestão, tais como a instituição de uma taxa sobre os resíduos, a manutenção de uma central de compras de resíduos, a realização de programas de gestão de resíduos nas escolas e nas zonas rurais para a minimização e prevenção da produção de resíduos na área.[11]

Recolha de resíduos

O Conselho Urbano de Balangoda faz a recolha do lixo utilizando um calendário e um mapa. A principal responsabilidade é a recolha diária de resíduos orgânicos alimentares. A recolha de resíduos é efectuada de acordo com dois turnos: o turno da manhã, das 5h00 às 14h00, e o turno da noite, das 14h00 às 22h00. Os membros do Conselho Urbano destacaram dois trabalhadores para varrer as estradas pelo menos 30 minutos antes da chegada dos veículos de recolha de lixo, tanto no turno da manhã como no da noite. Esta autoridade local distribuiu também barris a cada uma das bancas de carne e de peixe para colocar os resíduos. As bancas de peixe e de carne estão finalmente situadas de acordo com o mapa dos colectores de lixo. Para a recolha do lixo, são utilizados tractores e mestres de terra pertencentes à Câmara Municipal. Além disso, são também utilizados caixotes do lixo de

---

[8] Entrevista com a comunidade, divisão dc Conselho Urbano de Balangoda
[9] Ibid.[4]
[10] Ibid.[8]
[11] Ibid.[8]

camiões para a recolha segura dos resíduos. Apenas dois trabalhadores por veículo se dedicam à recolha diária do lixo das ruas. O lixo deve ser recolhido em cada rua uma vez por dia e duas vezes por dia em cada rua principal (Relatório BUC, 2013). Para uma recolha sistemática de resíduos, o Conselho Urbano de Balangoda introduziu o "Sistema de recolha por campainha" (sistema de reprodução de música) para os cidadãos[12]. Além disso, também é efectuada a recolha junto ao passeio, a recolha porta a porta, a recolha em locais especiais e a recolha em carrinhos de mão. Para a recolha de resíduos recicláveis e de outros resíduos úteis, bem como de materiais de descarte, é utilizado um trator separado duas vezes por semana (Relatório BUC, 2013).

Separação e manuseamento no local

A separação no local é efectuada especialmente para dividir os resíduos em materiais perecíveis e não perecíveis. Para o efeito, foram introduzidos dois caixotes de lixo para os cidadãos colocarem os resíduos separadamente, que são colocados nos lados necessários da estrada[13]. Na recolha de resíduos, o polietileno é recolhido separadamente e todos os tipos de polietileno são recolhidos em conjunto[14]. Além disso, os materiais de lixo eletrónico, como computadores, telemóveis e produtos regiformes, também são recolhidos separadamente.[15]

Transporte de resíduos

Os resíduos recolhidos são transportados para o centro de gestão de resíduos sólidos do Conselho Urbano, situado em Bankiyawaththa, Balangoda. Além disso, o lixo é descarregado na estação de compostagem desse centro uma vez em cada 45 minutos, normalmente.

Gestão adicional

O centro de gestão de resíduos sólidos é a parte mais importante do processo de gestão do lixo do Conselho Urbano de Balangoda. O centro segue quatro métodos para continuar a gestão dos resíduos existentes: classificação, compostagem, reciclagem e produção de adubo de lamas. Além disso, este centro também contribui para a distribuição de conhecimentos práticos sobre a gestão de resíduos sólidos urbanos.

Classificação

A triagem do lixo é totalmente efectuada manualmente, recorrendo diariamente a trabalhadores, mas

---

[12] Ibid.[8]
[13] Ibid.[8]
[14] Ibid.[4]
[15] Ibid.[4]

ainda não é bem sucedida[16] . Além disso, uma quantidade de 4 toneladas de resíduos é classificada por 4 trabalhadores em 45 minutos[17] . Durante a triagem, os materiais não perecíveis são separados em 11 itens, tais como papel, cartão, polietileno, plástico, garrafas de vidro, cascas de coco aço, cascas de coco rei, latas, pneus e tubos, enquanto os resíduos alimentares são selecionados para eliminar os resíduos desnecessários .[18]

A quantidade de cascas de coco re_ recolhidas diariamente dentro da área urbana é de cerca de 1200 - 1500 kg (Relatório BUC, 2013). Essas cascas são cortadas em pedaços e bem secas. Estas cascas secas são utilizadas como combustível .[19]

O papel e o cartão recolhidos diariamente são posteriormente classificados em três categorias: cartão, livros e papéis[20] . Normalmente, o Conselho Urbano vende cerca de 1000 kg para fins de reciclagem (Relatório BUC, 2013).

O plástico é classificado em dois tipos: garrafas pet e outros plásticos[21] . As garrafas pet são vendidas a um preço reservado e os outros plásticos são vendidos a um preço comum (Relatório BUC, 2013). Além disso, as garrafas de vidro são separadas em garrafas brancas e garrafas castanhas[22] . Estas garrafas recolhidas são vendidas a compradores locais ao mesmo preço (Relatório BUC, 2013). Por outro lado, os chips e circuitos recolhidos nos resíduos electrónicos também são vendidos a compradores locais .[23]

A quantidade de aço recolhida é de cerca de 375 kg por semana (Relatório BUC, 2013). Esta quantidade de aço é vendida a compradores locais a um preço razoável (Relatório BUC, 2013). Além disso, são recolhidos cerca de 650 kg de lâmpadas queimadas num único mês (Relatório BUC, 2013). As lâmpadas boas são usadas para fazer lâmpadas de óleo, enquanto as quebradas/danificadas são usadas para encher terras .[24]

---

[16] Ibid.[5]
[17] Entrevista com os trabalhadores do centro de gestão de resíduos sólidos
[18] Ibid.[17]
Ibid.[8]
Ibid.[3]
Ibid.[17]
Ibid.[17]
Ibid.[4]
Ibid.[3]

Compostagem

Para a gestão dos resíduos alimentares orgânicos, a compostagem é a única solução utilizada. O Conselho Urbano de Balangoda utiliza o método Open Windrow para todo o processo de compostagem[25] . No entanto, a qualidade da produção diminuiu devido
ao elevado teor de humidade do composto, à altura e largura inadequadas do composto
pilhas (altura existente - 12 pés e largura -5 pés) em comparação com o nível recomendado (5 - 10

pés de altura e 10 - 20 pés de largura) e fraco desempenho no revolvimento das pilhas[26] . Em

consequência da má gestão do processo de compostagem, já se registaram alguns problemas

ambientais, como a propagação de maus cheiros e problemas de lixiviação .[27]

Figura 4.3: Localização da compostagem (Fonte: Levantamento de campo,

---

Ibid.[5]
[26] Entrevista com o Sr. Niluka Ranasinghe, Faculdade de Ciências Agrícolas, Sabaragamuwa Universidade do Sri Lanka
[27] Ibid.[8]

Reciclagem

A reciclagem é feita principalmente como preparação da matéria-prima de acordo com a procura dos compradores, utilizando uma máquina de trituração para as partes plásticas dos resíduos electrónicos (computadores, telemóveis, etc.) e o polietileno[28] . De acordo com o procedimento geral, o plástico e o polietileno separados são fragmentados em pequenos pedaços após a lavagem manual[29] . De seguida, estas peças são submetidas ao processo de reciclagem[30] . Todo o polietileno reciclado é vendido a um preço razoável a um comprador local que vive perto da cidade (Relatório BUC, 2013). A quantidade de polietileno vendido é de cerca de 1200 kg por mês pelo Conselho Urbano (Relatório BUC, 2013). Os plásticos reciclados também são vendidos a um preço comum (Relatório BUC, 2013).

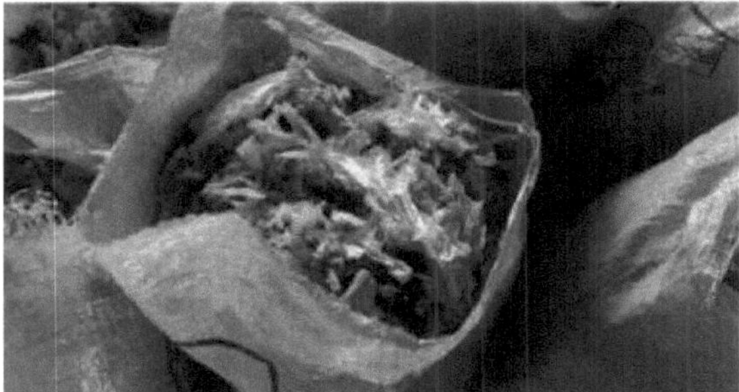

Figura 4.4: Plástico e polietileno reciclados (Fonte: Inquérito de campo, 2013)

Produção de fertilizante de lamas

Recentemente, o Conselho Urbano de Balangoda começou a recolher o solo noturno da área do Conselho Urbano e este líquido à base de água contaminada é sujeito ao fabrico de um fertilizante. Este fertilizante é utilizado para aumentar a produtividade dos campos agrícolas[31]. A água libertada pelo processo é tratada através de um sistema de tratamento de águas residuais[32]. Além disso, esta água tratada é utilizada para a lavagem dos trabalhadores do centro de gestão de resíduos sólidos[33].

---

[28] Ibid.[5]
[29] Ibid.[17]
[30] Ibid.[17]

Figura 4.5: Processo de descarga de lamas (Fonte: Inquérito de campo, 2013)
Formação e educação

O Conselho Urbano de Balangoda continua a ministrar um curso denominado "Assistente de gestão de resíduos sólidos" no centro de gestão de resíduos sólidos para formar os trabalhadores necessários no domínio da gestão de resíduos, de acordo com as exigências do país[34]. Este curso é realizado em colaboração com o Conselho Urbano de Balangoda, a Autoridade Nacional de Formação Profissional e a Organização Lirne Asia (Relatório BUC, 2013). Será atribuído um certificado de qualificação profissional nacional (NVQ) de nível 4 a quem concluir o curso com êxito (Relatório BUC, 2013). Além disso, o Conselho Urbano facilita programas de formação para estudantes universitários desde 2012 e ajuda a realizar investigação para melhorar o processo de gestão de resíduos em curso[35].

Eliminação final

O Conselho Urbano de Balangoda mantém uma pequena lixeira a céu aberto perto do centro de gestão de resíduos sólidos para se desfazer de cerca de 10% dos resíduos que não podem ser geridos pelos métodos actuais de gestão de resíduos[36]. Embora tenha sido
introduzido como um aterro controlado, os problemas ambientais a curto e a longo prazo já se acumularam devido a descargas impróprias, a algumas práticas de gestão deficientes e à situação de declive[37]. No entanto, a atenção dada à resolução destes problemas é atualmente mínima.

Figura 4.6: Lixeira a céu aberto (Fonte: Levantamento de campo, 2013)

4.3 Análise SWOT da gestão de resíduos urbanos em Balangoda Conselho

A análise SWOT da gestão dos RSU ajuda a compreender melhor as condições externas e internas que o Conselho Urbano de Balangoda enfrentaria ao desenvolver estratégias de gestão dos RSU. Em particular, as condições internas estão relacionadas com os pontos fortes e fracos e as condições externas referem-se às oportunidades e ameaças. Os pontos fortes e fracos identificados a partir dos resultados das entrevistas com as principais partes interessadas, das observações no terreno e da distribuição de questionários entre a comunidade da divisão do Conselho Urbano são apresentados abaixo.

Quadro 4.1

Resultados da análise SWOT da gestão dos resíduos sólidos urbanos no município de Balangoda

Pontos fortes (Dados recolhidos a partir de consultas à comunidade e às partes interessadas)	Oportunidades (Dados recolhidos a partir de consultas à comunidade e às partes interessadas)
S1: Localização estabelecida do centro de gestão de resíduos sólidos S2: Recolha regular de resíduos S3: Criação de centros de compra de resíduos S4: Criação de centros de reciclagem S5: Realização de programas de sensibilização e formação sobre a promoção da gestão dos resíduos sólidos urbanos na divisão S6: Tributação dos resíduos	O1: Instalação de uma unidade de biogás no centro de gestão de RSU O2: Obtenção de apoios externos do governo e de associações industriais O3 : Introdução de cinco contentores para a separação de resíduos
Pontos fracos (Dados recolhidos a partir de consultas à comunidade e às partes interessadas)	**Ameaças** (Dados recolhidos a partir de consultas à comunidade e às partes interessadas)
W1: Fraca gestão das descargas de resíduos W2 : Triagem ineficaz dos resíduos alimentares W3: Deficiências no processo de fabrico do composto W4: Falta de opção de reciclagem para as folhas de almoço W5: Falhas na produção de fertilizantes de lamas	T1: Atenção inadequada para promover a investigação sobre a proteção do ambiente T2: Nulidade da normalização do composto T3 : Toxicidade do lixiviado

Fonte: Dados do inquérito, 2014

4.3.1 Pontos fortes

As informações reconhecidas como pontos fortes podem ser classificadas em seis categorias (apresentadas no quadro 4.1), que se baseiam numa série de entrevistas com as principais partes interessadas e na distribuição de um questionário aos cidadãos da área do Conselho Urbano de Balangoda. Para a consulta à comunidade, foi utilizada uma amostra de 100 pessoas. Neste caso, foram entrevistados vários representantes da sociedade, como residentes, crianças em idade escolar e empresários. O feedback global da comunidade foi representado graficamente na figura 4.7.

	Esquema de avaliação
Excelente	Sustentável
Bom	
Moderado	Parcialmente sustentável
Fraco	Insustentável

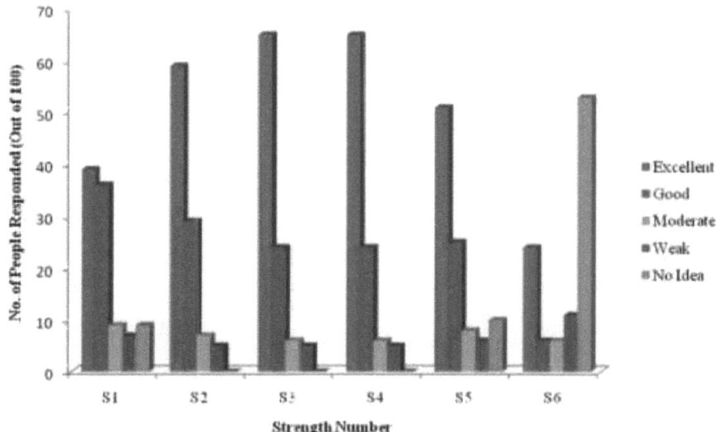

Figura 4.7: Pontos fortes do sistema de gestão de RSU do Conselho Urbano de Balangoda - Respostas da comunidade (Fonte: Inquérito de campo, 2014)

Os resultados mostram que a maioria da população da divisão aceitou todos os itens mencionados nos pontos fortes como factos sustentáveis, considerando-os parcialmente sustentáveis ou insustentáveis a um nível mínimo. Por conseguinte, é evidente que os residentes da zona concordam com estes desempenhos do Conselho Urbano de Balangoda. No entanto, deve dizer-se que a maioria dos cidadãos não tem conhecimento do processo de tributação dos resíduos (S6) porque os responsáveis por este imposto são os empresários.

As reacções das partes interessadas entrevistadas, tais como o pessoal da Autoridade Ambiental Central, os membros do Conselho Urbano de Balangoda e os recursos universitários relevantes, são também semelhantes às interpretações da comunidade. Os pontos fortes identificados são descritos a seguir.

51: Localização estabelecida do Centro de Gestão de Resíduos Sólidos

Como já foi referido, o centro de gestão de resíduos sólidos do Conselho Urbano está situado em Bankiyawaththa, Balangoda. Este centro foi colocado num ambiente de clausura em Bankiyawaththa e há poucas casas situadas nos arredores. Embora a maioria dos residentes da divisão tenha aceitado a situação do centro de gestão de resíduos sólidos, alguns problemas ambientais e sociais, tais como problemas com lixiviados, maus cheiros e moscas, já se agregaram e a comunidade em torno do centro está a sofrer com estas consequências[38].

52: Recolha regular de resíduos

O Conselho Urbano de Balangoda está a efetuar uma recolha sistemática de RSU que cria condições ambientais elegantes e saudáveis na sua divisão responsável[44] . Mais pormenores sobre o processo de recolha de resíduos foram mencionados na subsecção 4.2.3.

53: Criação de centros de compra de resíduos

Como solução para a separação dos resíduos não deterioráveis, o Conselho Urbano criou, em 2008, um centro de compra de resíduos conhecido como "Sampath Piyasa" (Centro de Recursos) em Balagahamula Junction, Balangoda[45] . Neste centro, papel, cartão, polietileno, plásticos, pratos, ferro, estanho, vidros de lâmpadas, garrafas e cascas de coco são comprados a um preço comum[46] . Atualmente, estão a manter outros cinco centros de compra de resíduos não deterioráveis em cinco escolas, gastando o dinheiro doado pelo centro nacional de gestão de resíduos sólidos e pela organização Lirne Asia[47] . Estas são boas tendências para gerir os resíduos domésticos na divisão e enraizar o conceito de gestão de resíduos nas mentes das gerações futuras, como as crianças das escolas.

54: Criação de centros de reciclagem

Com o apoio técnico do projeto nacional de gestão de resíduos de plástico da Autoridade Ambiental Central (CEA), o Conselho Urbano de Balangoda criou um centro de reciclagem de plástico e polietileno no centro de gestão de resíduos sólidos de Bankiyawaththa em 2012[48] . Além disso, em 2011, foram criados cinco centros de reciclagem a nível escolar para divulgar o conceito de reciclagem entre os alunos das escolas, estando também em curso o processo .[49]

55: Realização de programas de sensibilização e formação sobre a promoção da gestão de resíduos sólidos urbanos na divisão

O Conselho Urbano de Balangoda já criou sociedades 3R em 10 escolas que são governadas por alunos da escola responsável como uma operação a longo prazo[50] . O principal objetivo destas sociedades é adaptar e integrar as crianças das escolas no processo de gestão dos resíduos. Neste caso,

---

Ibid.[8]
Ibid.[4]
Ibid.[3]
Ibid.[4]
[48] Entrevista com o Sr. Mahesh Jaltota, Diretor Adjunto, Controlo da Poluição Ambiental
Divisão, Autoridade Central do Ambiente
[49] Ibid.[3]
[50] Ibid.[4]

o Conselho Urbano facilita a compra de lixo não deteriorado aos estudantes a um preço comum e emite um cartão de pontos para doar marcas de acordo com o peso do lixo que fornecem[51] . Quando um aluno obtém 3.000 pontos, adquire um uniforme escolar com uma medalha denominada "Amigo do Ambiente" (Relatório BUC, 2013). Por outro lado, se um aluno conseguir 5.000; 10.000; 15.000; e 20.000 pontos, levará a medalha "Amante do Ambiente", a medalha "Amigo do Ambiente", a medalha "Amante do Mundo" e o Prémio Verde Presidencial, respetivamente (Relatório BUC, 2013). Além disso, foram criadas sociedades rurais 3R para reduzir a produção de resíduos, bem como a separação de resíduos[52] . Atualmente, estão em curso quatro sociedades 3R e cada sociedade contém um grupo de 25 casas (Relatório BUC, 2013). Nestas sociedades, também são emitidos cartões de pontos em nome da fixação do preço do lixo reciclável separado[53] . Para sensibilizar estas sociedades, são realizadas sessões mensais pelo Conselho Urbano de Balangoda[54] . Além disso, são também mantidos programas educativos com a colaboração de funcionários agrícolas para incentivar a horta biológica .[55]

Atualmente, um curso de certificação NVQ com a validade do Nível 4 está a ser realizado pelo Conselho Urbano para formar assistentes de gestão de resíduos (Relatório BUC, 2013). Além disso, estão a ser realizados alguns programas de formação para estudantes universitários .[56]

56: Tributação dos resíduos

Todos os empresários são obrigados a pagar uma taxa pelos resíduos dos seus estabelecimentos comerciais e todos eles são informados desse facto[52]. Além disso, estes empresários devem dividir os seus resíduos em duas categorias: lixo em decomposição e lixo não em decomposição[53]. Espera-se que sigam 9 instruções para evitar o pagamento do imposto sobre os resíduos (Relatório BUC, 2013).

1.   Classificação dos resíduos em duas categorias: resíduos em decomposição e resíduos não em decomposição.

2.   Recolha em dois contentores separados.

3.   Manter dois contentores para colocar o lixo em decomposição e o lixo não em decomposição na instituição.

---

[51] Ibid.[8]
[52] Ibid.[8]
[53] Ibid.[8]
[54] Ibid.[4]
[55] Ibid.[3]
[56] Ibid.[26]

4. Recolha de resíduos não deterioráveis e sua venda ao Centro de Recursos do Conselho Urbano.

5. Evitar deitar resíduos para a estrada.

6. Evitar a utilização de folhas de almoço.

7. Evite encaminhar as águas residuais da cozinha e das casas de banho para o sistema de drenagem principal.

8. Evitar a venda de cigarros se não houver um espaço especial destinado a fumadores.

9. Sensibilizar todos os funcionários da instituição para este facto.

Este processo de tributação é um bom objetivo para promover mudanças de atitude sobre a gestão de resíduos nas comunidades empresariais, porque são as pessoas mais responsáveis pelo aumento das gerações de lixo na divisão de Balangoda.

4.3.2 Pontos fracos

Com base nas entrevistas com a comunidade da divisão e com os intervenientes relevantes dos departamentos governamentais e das universidades, foram identificados os seguintes pontos fracos, que são discutidos a seguir.

W1: Fraca gestão da descarga de resíduos

O Conselho Urbano de Balangoda mantém uma lixeira a céu aberto perto do centro de gestão de resíduos sólidos para a eliminação final dos resíduos. Esta lixeira está situada num terreno baixo que acaba por dar para um campo de arroz abandonado. Os principais materiais deitados fora na lixeira são pilhas, folhas de almoço, regiformes, discos compactos, papel laminado, cabelos, lâmpadas partidas, vidro industrial, materiais de construção, alumínio e ramos de árvores, que desempenham um papel vital nas preocupações ambientais e sociais[54]. Em especial, a recolha contínua de folhas de almoço e de papel laminado é o principal obstáculo à proteção do ambiente nos terrenos de descarga, porque a Câmara Municipal ainda não tentou gerir estes tipos de resíduos não deterioráveis[55]. Devido ao facto de os materiais de lixo não serem entregues de forma sistemática e não regular na lixeira, já se criaram e espalharam maus odores

os arredores, o que constitui atualmente um problema social[57]. Se não houver registo da contaminação das águas subterrâneas devido ao fluxo de lixiviados provenientes da lixeira, tal pode

---

[57] Ibid.[8]

constituir um grave dano no futuro, de acordo com a situação existente .[58]

W2: Triagem ineficiente dos resíduos alimentares

Para eliminar os elementos desnecessários dos resíduos alimentares, estes são selecionados no centro de gestão de resíduos sólidos. Aqui, os trabalhadores estão a seguir o processo de separação manual sem considerar qualquer metodologia técnica[59] . Além disso, foram nomeados poucos trabalhadores para efetuar esta prática[60] . Como resultado deste procedimento não técnico, o composto de fabrico é altamente composto por metais pesados como o chumbo (Pb) e o cádmio (Cd) (ver anexos 10 e 11), bem como por algumas quantidades de materiais de polietileno, plásticos e vidros[61] (com base em observações de campo) Devido a estas falhas, continuam a produzir e a comercializar composto de baixa qualidade .[62]

W3: Deficiências no processo de fabrico de composto

Como o fabrico de composto de baixa qualidade, a procura deste produto é relativamente baixa em comparação com outros tipos de produtos de composto. Além disso, não é seguido qualquer processo de normalização como solução para melhorar a qualidade do composto[63] . Além disso, as pilhas de composto não têm as alturas e larguras permitidas, o que já provocou o desenvolvimento de actividades microbianas anaeróbias[64] . A propagação de um odor desagradável é uma evidência desse facto. Os trabalhadores estão a utilizar pesticidas para matar moscas e larvas nas camadas de composto, o que também afectou o estado de baixa qualidade[65] . O revolvimento inadequado das pilhas e a manutenção de um elevado teor de humidade são outras falhas que podem ser observadas no processo de compostagem[66] . Uma vez que a recolha de lixiviados não é eficiente no local de compostagem, a terra adoptada está a sofrer situações tóxicas que podem ser um factor de contaminação das águas subterrâneas[67] (ver tabela 4.5). Além disso, o composto produzido tem um elevado teor de areia/solo, o que revela um fraco desempenho no processo[68] (esta suposição baseou-se nas observações físicas da pessoa responsável pelo recurso, uma vez que, de acordo com o seu

---

[58] Ibid.[5]
[59] Ibid.[17]
[60] Ibid.[17]
[61] Ibid.[26]
[62] Ibid.[5]
[63] Ibid.[5]
[64] Ibid.[26]
[65] Ibid.[5]
[66] Ibid.[26]
[67] Ibid.[5]
[68] Ibid.[5]

conhecimento, uma análise deste tipo não tinha sido efectuada anteriormente para esta autoridade de gestão de resíduos). Por outro lado, a cor convencional do produto também é obtida através da aplicação de cinzas/materiais queimados ao composto[69]. (Ver tabelas 4.3, 4.4 e anexos 10 e 11 para mais pormenores).

W4: Falta de opção de reciclagem para a folha de almoço

O local de deposição do centro de gestão de resíduos sólidos é constituído principalmente por materiais das folhas de almoço. Ainda assim, o Conselho Urbano de Balangoda não tem qualquer opção para gerir esta enorme quantidade de folhas de almoço recolhidas diariamente de uma forma sistemática[70]. No futuro próximo, poderá ser um problema devido à deposição permanente destes materiais de polietileno não decompostos nas camadas subterrâneas do solo, o que acabará por danificar o lençol freático.

W5: Falhas na produção de fertilizantes de lamas

O Conselho Urbano de Balangoda efectua uma produção nocturna de fertilizantes para o solo utilizando lamas humanas domésticas recolhidas na divisão e que não são de boa qualidade[71]. Para este processo de fabrico, utilizam um tanque de sedimentação. O principal obstáculo no processo é o nível de pH não controlado no produto final do fertilizante, que é quase sempre superior aos limites permitidos[72]. Além disso, a deteção de *Salmonella*[73] na matéria fecal sedimentada ainda se encontra a nível experimental, no entanto, a Urban Council já comercializou este produto junto dos agricultores como fertilizante para utilização nos seus campos agrícolas[74]. A procura deste fertilizante também é relativamente baixa[75]. (Ver apêndices 12 e 13 para mais pormenores).

4.3.3 Oportunidades

A partir de consultas com a comunidade da divisão e com as partes interessadas relevantes dos departamentos governamentais e das universidades, foram identificadas as seguintes oportunidades, que são explicadas a seguir.

O1: Instalação de uma unidade de biogás no centro de gestão de RSU

Os resíduos alimentares são a parte abundante que representa 70% do total das fracções de resíduos

---

[69] Ibid.[5]
[70] Ibid.[4]
[71] Ibid.[8]
[72] Ibid.[4]
[73] *A Salmonella* é um tipo de bactéria patogénica que predomina na matéria fecal
[74] Ibid.[4]
[75] Ibid.[8]

na divisão de Balangoda (Relatório BUC, 2013). Por conseguinte, a implementação de uma unidade de biogás é uma boa oportunidade para maximizar a eficácia do sistema e minimizar o estado de poluição, especialmente devido às emissões de metano (CH_4)[75]. Além disso, pode ser uma solução vantajosa para a redução de resíduos orgânicos, uma vez que o processo de compostagem e o biogás produzido podem ser utilizados como fonte de energia para melhorar a eficiência de outras actividades no centro de gestão de resíduos sólidos.

O2: Obtenção de apoios externos do governo e de associações industriais

Os funcionários do departamento governamental entrevistados referiram que, atualmente, os problemas da gestão de resíduos sólidos urbanos têm atraído grande atenção do governo e das associações industriais relacionadas, o que cria uma base concreta para o seu desenvolvimento futuro[76]. A este respeito, a construção de aterros sanitários, o desenvolvimento de instalações de reciclagem de RSU e os fundos e medidas de apoio à gestão de RSU deveriam ser objeto de uma atenção especial no Conselho Urbano de Balangoda[77]. Atualmente, como autoridade independente, este Conselho Urbano deve tentar obter apoios alargados do governo e das associações industriais para as futuras melhorias do sistema.[78]

O3: Introdução de cinco contentores para a separação de resíduos

O Conselho Urbano de Balangoda ainda está a praticar o método de separação de resíduos em dois contentores para a separação de resíduos no local. Seria preferível que este Conselho Urbano introduzisse cinco contentores para os níveis de separação na fonte no local, como casas, mercados, restaurantes, instituições, incluindo escolas e gabinetes governamentais[79]. Esta separação de resíduos é viável na prática e pode contribuir para aumentar o nível de eficiência dos processos de triagem, compostagem e reciclagem[80]. A Autoridade Ambiental Central, com a colaboração do Ministério do Ambiente e das Energias Renováveis, já implementou este método em diferentes níveis de projeto. Neste caso, são utilizados cinco contentores coloridos para separar os tipos de resíduos mais comuns, como mostra a Tabela 4.2.

O Ministério do Ambiente e das Energias Renováveis é a agência executora do Governo Central para

---

[76] Entrevista com o Sr. K.H. Muthukudaarachchi, Diretor-Geral, Central Environmental
Autoridade
[77] Ibid.[76]
[78] Ibid.[43]
[79] Ibid.[76]
[80] Ibid.[43]

o planeamento e a política de gestão dos resíduos sólidos no Sri Lanka (Relatório Anual do NSWMSC, 2007). Para além disso, o Departamento de Gestão da Poluição é responsável pela gestão dos resíduos sólidos no Ministério. A Autoridade Ambiental Central é uma agência nomeada pelo governo para trabalhar com a Lei Nacional do Ambiente no âmbito do Ministério do Ambiente e das Energias Renováveis, respondendo perante o Presidente e o Governo (Relatório Anual do NSWMSC, 2007). É responsável pelo controlo e gestão regulamentares e pela definição de orientações e normas nacionais, sendo os seus fundos atribuídos principalmente pelo Governo. A Lei Nacional do Ambiente define a CEA como uma "pessoa colectiva", composta por três membros nomeados pelo Presidente, e com financiamento próprio, derivado de dotações governamentais; outros empréstimos, doações, subsídios; e rendimentos obtidos através do exercício dos seus poderes, funções e deveres (por exemplo, taxas de licença). No que diz respeito à gestão de resíduos sólidos, o papel do CEA é ajudar os Conselhos Provinciais e as Autoridades Locais a formular estratégias e planos para os mesmos e prestar apoio à implementação desses planos e monitorizar os resultados (Relatório Anual do NSWMSC, 2007). O CEA também tem poderes legais para aprovar aterros sanitários para resíduos sólidos e para admoestar ou emitir diretivas para qualquer autoridade local que elimine resíduos de forma prejudicial ou inadequada (Relatório Anual do NSWMSC, 2007).

Cinco caixotes de lixo Separação de resíduos

Cor do caixote do lixo	Recolha de tipos de resíduos
Verde	Resíduos orgânicos
Azul	Papel
Laranja (2 caixas)	Polietileno, Plásticos
Vermelho	Garrafas de vidro
Castanho (2 caixas)	Cascas de coco, metais

Fonte: Diretrizes técnicas sobre a gestão de resíduos sólidos no Sri Lanka, 2005

4.3.4 Ameaças

Com base nas entrevistas com a comunidade da divisão e com as partes interessadas relevantes dos departamentos governamentais e das universidades, foram identificadas as seguintes ameaças, que são discutidas a seguir.

T1: Atenção inadequada para promover a investigação sobre a proteção do ambiente

É geralmente reconhecido que a investigação é importante para impulsionar o desenvolvimento da gestão dos resíduos sólidos urbanos. No entanto, a maior parte dos fundos de investigação foram atribuídos para aumentar a produtividade do processo de fabrico de composto, enquanto os fundos investidos na investigação relacionada com a proteção do ambiente são muito limitados[81]. Segundo alguns membros de conselhos urbanos e pessoas-recurso entrevistados, o desenvolvimento da reciclagem e da gestão dos RSU exige um apoio financeiro contínuo para a realização de investigação em termos de métodos eficazes de gestão dos RSU, taxas eficazes de deposição de resíduos em aterros, normas pormenorizadas para os materiais reciclados e de compostagem produzidos a partir de RSU, proteção das águas subterrâneas, etc. Só assim poderão dispor de medidas eficazes de gestão dos RSU a seguir quando realizarem actividades de gestão de resíduos na prática. Por conseguinte, a falta de fundos adicionais para a realização de investigação relacionada com a gestão e a proteção do ambiente é também um obstáculo importante ao desenvolvimento da gestão dos RSU no Conselho Urbano de Balangoda.

T2: Nulidade da normalização do composto

A normalização do composto é um processo importante para garantir a qualidade do produto e para obter um rendimento económico elevado. Atualmente, o Conselho Urbano não segue tal mecanismo para aumentar a sustentabilidade do processo global[82]. De acordo com entrevistas a pessoas com recursos académicos universitários, estas sugeriram que a manutenção dos componentes do composto de estrume e dos seus parâmetros físico-químicos, tais como metais pesados, nutrientes para plantas,

---

[82] Ibid.[4]

pH, substâncias húmicas[83] e resíduos, dentro dos limites máximos permitidos, é um requisito necessário e oportuno[84]. Além disso, deve ser desenvolvida uma cultura microbiana padrão para uma modificação eficaz do produto[85].

Os resultados explicados de dois relatórios de ensaio de dois institutos de investigação diferentes no Sri Lanka relativamente à qualidade do composto manufaturado do Conselho Urbano de Balangoda são interpretados a seguir.

Relatório analítico do composto 1 - Conselho Urbano de Balangoda

Caraterísticas	Valores detectados	Intervalo aceitável	Interpretação
pH (1:1)	7.2	6.5 - 8.5	Aceitável
CE 85[86] (dS/m)	5.590	0.5 - 3.0	Elevado
Humidade %	31	20 - 30	Elevado
Carbono orgânico (%)	25.627	20 - 35	Ideal
Azoto total (%)	0.0361	0.5 - 3.0	Muito baixo
Fósforo total - P_2O_5 (%)	1.2	0.5 - 4.0	Suficiente
Potássio total - K_2O (%)	1.5	0.5 - 3.0	Suficiente
CarbomNitrogénio (C/N)	709.9	20 - 30	Muito elevado

Fonte: Relatório de ensaio do composto (221), HORDI**, 2009

Relatório analítico do composto 2 - Conselho Urbano de Balangoda

pH 1:2.5	CE* µS/cm 1:2.5	Z % Total	Ca Total	Mg Total	W		CO %	Cu Total	Fe	Mn	Zn %	Carbono % Total	C/N	Humidade %
7.6	3980	1.06	3.72	0.30	0.70	0.34	0.08	0.01	0.80	0.03	0.02	11.28	10.6	32.59

Fonte: Relatório de ensaio de composto do CIC (AA39 - Compost/04-07), 2009
* Condutividade eléctrica

Importante:
Ver apêndice 11 para mais relatórios de ensaio sobre a qualidade do composto do Conselho Urbano de Balangoda.

Ver apêndice 10 para normas de qualidade importantes para o composto (Normas do Sri Lanka SLS

---

[83] As substâncias húmicas são um tipo de poluentes orgânicos que consistem principalmente em ácido húmico, ácido fúlvico e ácido hidrofílico
[84] Ibid.[5]
85 Condutividade eléctrica
86 Horticultural Research & Development Institute, Gannoruwa, Peradeniya, Sri Lanka

1246:2003).

T3: Toxificação de lixiviados

Os fluxos de lixiviados podem ser especialmente observados nas pilhas de compostagem do centro de gestão de resíduos sólidos. Distribuíram-se à volta das pilhas, espalhando condições de odor desagradáveis. Além disso, os lixiviados criam um estado de toxicidade ao nível do solo nos arredores[86]. Se não forem tomadas medidas para resolver este problema, tais como a fitorremediação[87] ou a biorremediação[88] , pode ser um problema grave para o ambiente, afectando o lençol freático.

Quadro 4.5

Pormenores experimentais sobre as caraterísticas do lixiviado no Centro de Gestão de Resíduos Sólidos

Centro de Gestão de Resíduos Sólidos do Conselho Urbano de Balangoda

Parâmetro	Wijesekara et al., 2009	GSSL*	ISTL**
pH	6.3	6 - 8.5	5.5 - 9
Sólidos totais (mg/L)	113	-	-
Sólidos suspensos totais (mg/L)	104	50	-
Sólidos totais dissolvidos (mg/L)	9	-	2100
Carência biológica de oxigénio (CBO) (mg/L)	480	30	250
PO_4^{3-} (molde^{-3})	21.4	-	-
Na (mg/L)	2.11	-	-
K (mg/L)	2.34	-	-
Ca (mg/L)	1.84	-	-
Mg (mg/L)	2.64	-	-
Fe (mg/L)	1.23	-	-
Mn (mg/L)	2.46	-	-

Fonte: Wijesekara et al., 2009

1   Normas gerais para a descarga de efluentes em águas interiores de superfície no Sri Lanka (Diretrizes técnicas sobre a gestão de resíduos sólidos no Sri Lanka, 2005)

2   * Normas indianas para a descarga de lixiviados tratados (Kumar e Alappat, 2005)

---

[87] A fitorremediação é a utilização de plantas e árvores para remover ou neutralizar contaminantes, como no solo, na água ou no ar poluídos

[88] A bioremediação é uma técnica de gestão de resíduos que envolve a utilização de organismos para remover ou neutralizar os poluentes de um local contaminado

4.4 Análise da eficácia da gestão de resíduos no conselho urbano de Balangoda

Com base nas entrevistas com grupos de peritos, foram apresentadas as seguintes percentagens (ver quadro 4.6) para determinar o nível de sustentabilidade das práticas em curso no Conselho Urbano de Balangoda. Para a consulta, foram utilizados peritos bem informados sobre o processo deste Conselho Urbano. Além disso, estão a trabalhar ativamente em algumas componentes, como a investigação do sistema de gestão de resíduos sólidos do Conselho Urbano de Balangoda. As principais pessoas entrevistadas são o Dr. P.I. Yapa e o Sr. Niluka Ranasinghe da Faculdade de Ciências Agrícolas da Universidade Sabaragamuwa do Sri Lanka, bem como o Diretor-Geral da Autoridade Ambiental Central, Sr. K.H. Muthukudaarachchi, e o Diretor Adjunto, Sr. Mahesh Jaltota, da Divisão de Controlo da Poluição Ambiental da Autoridade Ambiental Central. Consequentemente, foi atribuída uma percentagem razoável a cada atividade, de acordo com as discussões com cada pessoa-recurso.

Quadro 4.6
Resultados da análise da eficácia da gestão dos resíduos sólidos urbanos no conse ho urbano de Balangoda

Práticas de MSWM	Eficácia (%)
Minimização e prevenção de resíduos	80
Recolha de resíduos	95
Separação e manuseamento no local	60
Transporte de resíduos	75
Classificação	60
Compostagem	70
Reciclagem	75
Produção de fertilizante de _amas	50
Formação e educação	95
Eliminação final	30
Esquema de avaliação: Eficácia $\geq$ 75 = Sustentável; $50 \leq$ Eficácia < 75 = Parcialmente sustentável; Eficácia < 50 = Insustentável	

Fonte: Dados do inquéritc, 2014

Foram entrevistadas nã só as pr_ncipais partes interessadas, mas também a comuni-lade da zona, como uma amostra representativa, para detetar a sua aceitação e envolvimento no proccsso de GMSF no Conselho Urbano de Balangoda. A entrevista foi efectuada principalmente através ca dis-ribuição de um questionário entr os cidadãos da divisão. Como amostra representativa, foram utilizadas 100 pessoas para análise. Neste caso, -oram entrevistados vários representantes da socied∉de, tais como residentes, crianças em idade escolar e empresários. A opinião da comunidade sobre o procedimento de gestão dos resíduos sólidos urbenos da divisão do Conselho Urbano de Balangoda fo_ repr∉sentada graficamente na figura 4.8.

	Eficácia (%)	Esquema de avaliação
Excelente	85-100	Sustentável
Bom	75-85	Sustentável
Moderado	50-75	Parcialmente sustentável
Fraco	< 50	Insustentável

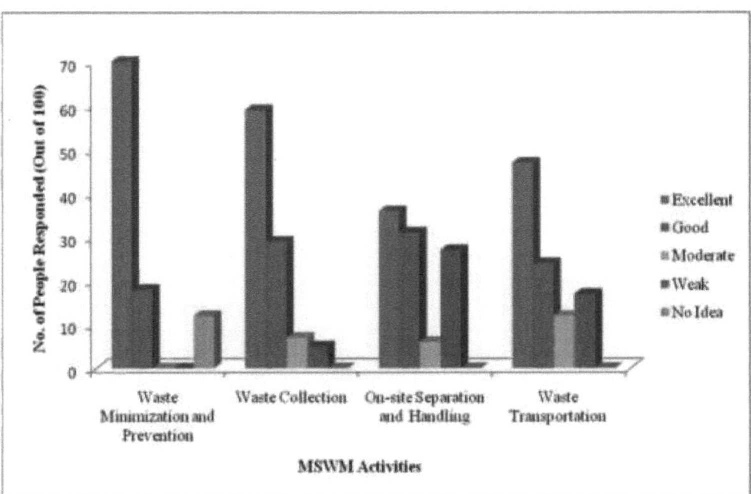

Figura 4.8: Respostas da comunidade sobre o procedimento de gestão de RSU da Divisão do Conselho Urbano de Balangoda (Fonte: Inquérito de campo, 2014)

Os resultados revelaram que a maioria dos cidadãos aceitou amplamente o quadro operacional das actividades de gestão de resíduos, tais como a minimização e a prevenção de resíduos, a recolha de resíduos, a separação e o tratamento no local, bem como o transporte de resíduos. Além disso, estão bem cientes destas actividades, uma vez que apenas um pequeno número de pessoas não tem conhecimento do processo de minimização e prevenção de resíduos. Além disso, não se encontrou nenhuma pessoa com menos conhecimentos sobre as outras três actividades mencionadas. Por outro lado, os resultados das entrevistas com grupos de peritos e com a comunidade são basicamente semelhantes em muitos casos.

As opiniões da comunidade sobre o procedimento de gestão de resíduos sólidos do centro de gestão de resíduos sólidos foram representadas graficamente na figura 4.9.

	Eficácia (%)	Esquema de avaliação
Excelente	85-100	Sustentável
Bom	75-85	Sustentável
Moderado	50-75	Parcialmente sustentável
Fraco	< 50	Insustentável

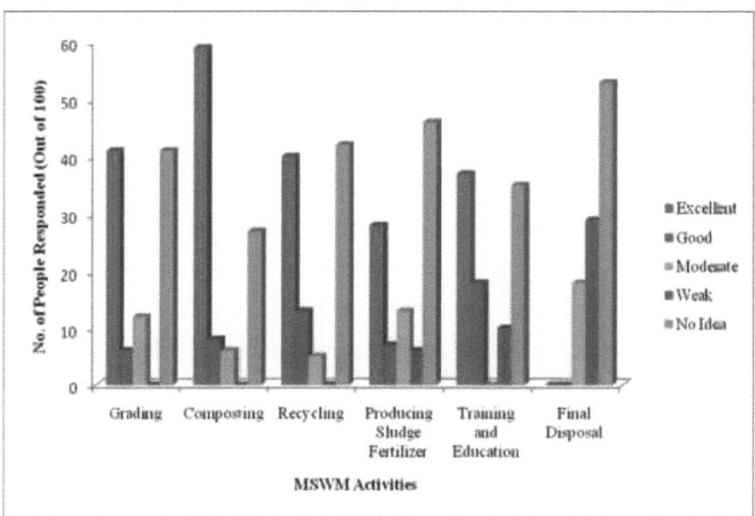

Figura 4.9: Respostas da comunidade sobre o procedimento de gestão de resíduos sólidos do centro de gestão de resíduos sólidos (Fonte: inquérito de campo, 2014)

De acordo com os resultados, as actividades do centro de gestão de resíduos sólidos tais como a classificação, a compostagem, a reciclagem, a produção de fertilizante de lamas, a formação e a educação, com exceção da atividade de eliminação final (lançamento de resíduos numa lixeira a céu aberto), foram aceites pela comunidade da divisão. Tal como na consulta às partes interessadas, os cidadãos rejeitaram o método de eliminação final, que pode ser classificado como um processo de gestão fraco em todo o sistema. No entanto, também se observou um conhecimento limitado dos cidadãos relativamente aos métodos operacionais do centro de gestão de resíduos sólidos. Por conseguinte, para melhorar o sistema, é necessário aumentar a distribuição de conhecimentos sobre estas actividades entre a comunidade.

4.5 Resumo do capítulo

Atualmente, o procedimento de gestão de resíduos do Conselho Urbano de Balangoda inclui seis fragmentos: minimização e prevenção de resíduos, recolha de resíduos, separação e tratamento no local, transporte de resíduos, gestão posterior e eliminação final. A gestão posterior também pode ser subdividida em classificação, compostagem, reciclagem, produção de adubo de lamas, formação e educação. Cada prática deste sistema de gestão de resíduos urbanos tem uma série de pontos fortes e fracos, bem como oportunidades identificadas que podem ser desenvolvidas para aumentar a eficiência. Além disso, as ameaças da operação são atualmente subestimadas. Consequentemente, a eficácia de cada atividade é diferente, o que representa o nível de sustentabilidade da gestão de resíduos sólidos urbanos.

CAPÍTULO 5

CONCLUSÃO

5.1 Principais conclusões

A atual produção diária de resíduos na cidade de Balangoda é de 20 toneladas e as principais fontes de RSU são os agregados familiares, os estabelecimentos comerciais, como mercados e restaurantes, os serviços municipais (varredura de ruas e limpeza de esgotos), bem como as instituições, incluindo escolas e repartições públicas. Os resíduos gerados são geralmente constituídos por 70% de resíduos orgânicos, 20% de materiais recicláveis e outros materiais úteis e 10% de materiais de deitar fora. A investigação revelou que o procedimento global de gestão de resíduos do Conselho Urbano de Balangoda abrange seis divisões: minimização e prevenção de resíduos, recolha de resíduos, separação e tratamento no local, transporte de resíduos, gestão posterior e eliminação final. A gestão posterior consiste também na classificação, compostagem, reciclagem, produção de adubo de lamas, formação e educação. A minimização e prevenção de resíduos inclui a sensibilização da comunidade, a tributação dos resíduos, a ajuda à compostagem doméstica e a manutenção de sociedades 3R a nível escolar e rural. A recolha de resíduos do Conselho Urbano é normalmente sistemática e efectua dois turnos por dia. Além disso, o sistema de recolha por campainha, a recolha junto ao passeio, a recolha porta a porta, a recolha em locais especiais e a recolha em carrinhos de mão também são efectuados para uma recolha adequada dos resíduos. A separação e o tratamento no local são efectuados para dividir os resíduos alimentares, o polietileno, os resíduos electrónicos e os produtos regiformes em cada local. Os resíduos recolhidos são transportados para o centro de gestão de resíduos sólidos, onde se procede à sua gestão. No âmbito da classificação, 11 artigos são separados para serem valorizados como produtos de mercado. Além disso, a totalidade dos resíduos alimentares é submetida ao processo de compostagem, enquanto as partes de plástico separadas dos resíduos electrónicos e do polietileno são submetidas ao processo de reciclagem. Além disso, as lamas humanas recolhidas são utilizadas para fabricar um fertilizante noturno para o solo, sendo também oferecida formação e educação sobre gestão de resíduos às pessoas necessárias neste centro de gestão de resíduos sólidos. Por fim, os materiais não utilizados na operação são eliminados numa pequena lixeira a céu aberto.

A localização estabelecida do centro de gestão de resíduos sólidos, a recolha regular de resíduos, a criação de centros de compra de resíduos e de centros de reciclagem, a realização de programas de sensibilização e de formação sobre a promoção da gestão dos RSU e a tributação dos resíduos podem ser considerados como pontos fortes, enquanto que os pontos fracos são identificados como deficiências operacionais da lixeira a céu aberto, triagem ineficiente dos resíduos alimentares, deficiências no processo de fabrico de composto, apatia na gestão das folhas de almoço e falhas na produção de fertilizantes de lamas. Além disso, a instalação de uma unidade de biogás no centro de gestão de RSU, a introdução de cinco contentores para a separação de resíduos e a obtenção de apoios externos do governo e de associações industriais foram reconhecidas como oportunidades. Por outro lado, as concentrações insuficientes para promover a investigação sobre a proteção do ambiente, a ausência de normalização do composto e a toxicidade dos lixiviados foram consideradas ameaças.

As percentagens atribuídas pelos grupos de peritos para estimar a sustentabilidade de cada atividade no Conselho Urbano de Balangoda foram de 95% para a recolha de resíduos, bem como para a formação e educação, 80% para a minimização e prevenção de resíduos, 75% para o transporte e reciclagem de resíduos, 70% para a compostagem, 60% para a classificação e separação no local com manuseamento, 50% para a produção de fertilizante de lamas e 30% para a eliminação final, respetivamente. Ao considerar o feedback da comunidade sobre as práticas de gestão de resíduos, mais de 65% dos cidadãos aceitaram fortemente o funcionamento em curso de actividades como a minimização e prevenção de resíduos, a recolha de resíduos, a separação no local com manuseamento e o transporte de resíduos, enquanto poucas pessoas aceitaram os desempenhos moderados ou fracos. No caso do centro de gestão de resíduos sólidos, 47% e 35% das pessoas expressaram que as actividades de classificação e produção de fertilizante de lamas são excelentes ou boas, respetivamente. Para além disso, mais de 50% dos residentes assinalaram que a compostagem, a reciclagem, a formação e a educação são práticas aceitáveis, enquanto rejeitaram fortemente o método de eliminação final. É importante notar que a maioria dos cidadãos não tem conhecimento da realização de actividades no centro de gestão de resíduos sólidos.

5.2 Conclusões

Embora o Conselho Urbano de Balanagoda seja atualmente conhecido como uma das autoridades de gestão de resíduos bem planeadas no Sri Lanka, ainda não está num modo mais sustentável. No sistema em curso, devem ser abordadas as limitações de forma adequada para satisfazer a sustentabilidade das práticas, bem como é importante melhorar os pontos fortes para aumentar a eficácia da operação. De acordo com as opiniões dos peritos, se a minimização e a prevenção de resíduos, a recolha de resíduos, o transporte, a reciclagem, a formação e a educação forem identificadas como práticas sustentáveis, também apresentam alguns inconvenientes, pelo que não podem ser classificadas como totalmente sustentáveis. Além disso, a separação e o tratamento no local, a classificação, a compostagem e a produção de fertilizantes para as lamas são classificados como práticas parcialmente sustentáveis, enquanto a eliminação final numa lixeira a céu aberto é classificada como uma prática insustentável. O mais importante é que, com exceção do método de eliminação final, as outras práticas são aceites como operações sustentáveis ou mesmo parcialmente sustentáveis pela maioria da comunidade da divisão de Balangoda, mas também apresentam algumas deficiências. Além disso, o pior feedback observado pelos residentes de é a falta de conhecimento sobre as actividades de gestão de resíduos no centro de gestão de resíduos sólidos. Consequentemente, conclui-se que o sistema global de gestão de resíduos sólidos urbanos do Conselho Urbano de Balanagoda é uma operação parcialmente sustentável.

5.3   Recomendações

Com base nos resultados do estudo, são sugeridas as seguintes recomendações para melhorar o atual sistema de gestão de resíduos na divisão do Conselho Urbano de Balangoda:

1.   Reveja todos os documentos que são impressos regularmente (diariamente, semanalmente, trimestralmente e anualmente) e avalie se é absolutamente necessária uma cópia impressa. Se não forem necessárias versões impressas, certifique-se de que é disponibilizada uma cópia eletrónica a todo o pessoal adequado. Ao eliminar as impressões desnecessárias, a instituição reduzirá os seus custos de aquisição de papel.

2.   Utilize ao máximo o papel de impressão e de escrita antes de o deitar para o caixote do lixo. Configure todas as impressoras e fotocopiadoras para fotocopiar em frente e verso por defeito e utilize as páginas impressas em frente e verso para imprimir cópias de rascunho ou como papel de rascunho. Este esforço também poupará uma enorme quantidade de dinheiro na compra de papel.

3.   Reduzir a quantidade de copos de bebidas descartáveis no lixo, fornecendo ao pessoal uma caneca de cerâmica ou pedindo a cada funcionário que traga uma caneca e/ou garrafa reutilizável para utilizar no trabalho. Ao eliminar estes resíduos, a instituição poupa espaço valioso nos compactadores e nos contentores do lixo e poupa dinheiro nos custos de eliminação.

4.   Ofereça roupa de cama e mobiliário não desejados a organizações sem fins lucrativos locais. Isto permitirá à instituição poupar dinheiro em custos de eliminação, criar um benefício fiscal, bem como apoiar o trabalho de organizações locais.

5.   Utilize uma Bolsa de Materiais para se livrar de artigos não desejados que as organizações sem fins lucrativos locais não podem utilizar. As Bolsas de Materiais são sítios Web nos quais podem ser

colocados artigos reutilizáveis não desejados. Os artigos colocados nas Bolsas são oferecidos a um preço reduzido ou gratuitamente. Ao utilizar as Bolsas de Materiais, a instituição pode poupar dinheiro na eliminação e, potencialmente, ganhar algum dinheiro com os artigos de que já não necessita.

6.   Os hotéis e restaurantes podem doar alimentos não servidos a um banco alimentar local. O banco alimentar fornecerá ao hotel ou restaurante diretrizes para embalar e armazenar as doações de alimentos.

7.   Criar um instituto de investigação sobre a gestão dos resíduos com proteção do ambiente na divisão do Conselho Urbano de Balangoda.

8.   Utilizar lancheiras em vez de folhas de almoço pelos funcionários das instituições para reduzir o problema das folhas de almoço.

9.   Estabelecer uma fábrica de reprocessamento de plásticos para aumentar o nível de eficiência do processo de reciclagem em , o centro de gestão de resíduos sólidos.

10.   Utilizar um número considerável de trabalhadores e mais tempo para os processos de classificação e de triagem dos resíduos alimentares, uma vez que os resíduos não biodegradáveis devem ser misturados o menos possível e o composto produzido deve ser de boa qualidade.

11.   Incentivar os cidadãos a escolherem bens mais duradouros e de maior duração, bem como a comprarem menos produtos de embalagem e artigos retornáveis.

12.   Reduzir o volume de materiais inertes/materiais fora de uso na lixeira a céu aberto utilizando técnicas e projectos de incineração respeitadores do ambiente.

5.4   Sugestões para investigação futura

1.   Investigação dos níveis de poluição das águas subterrâneas devido aos fluxos de lixiviados resultantes das práticas em curso no centro de gestão de resíduos sólidos do Conselho Urbano de Balangoda. Nesta investigação, deve ser efectuada uma série de análises quantitativas para determinar o efeito dos contaminantes no ambiente.

2.   É importante desenvolver modelos de avaliação do ciclo de vida para os sistemas de gestão de resíduos sólidos urbanos das autoridades locais, como os municípios e os conselhos urbanos.

3.   O conceito de aterro de semi-engenharia está ainda numa fase embrionária no Sri Lanka. Se for possível desenvolver um mecanismo distrital para depositar os materiais descartados de todas as autoridades locais do distrito num aterro comum de semi-engenharia, isso será útil para garantir a sustentabilidade da gestão dos RSU no país.

Referências

Ahsan, A., Alamgir, M., El-Sergany, M. M., Shams, S., Rowshon, M. K. e Nik Daud, N. N (2014). 'Avaliação do Sistema Municipal de Gestão de Resíduos Sólidos em um País em Desenvolvimento'. *Jornal Chinês de Engenharia 2014*, pp. 1-11.

Ariyawansha, R. T. K., Basnayake, B. F. A., Pathirana, K. P. M. N. e Chandrasena, A. S. H. (2009). Simulação de lixeiras abertas para a estimativa dos níveis de poluição em climas tropicais húmidos". *Actas do 21.° Congresso Anual*, Instituto de Pós-Graduação em Agricultura, Universidade de Peradeniya, Peradeniya, Sri Lanka.

Conselho Urbano de Balangoda (2013). *Relatório do Projeto de Gestão de Resíduos*. Balangoda, Sri Lanka.

Bandara, N. J. G. J. (2008). "Gestão dos resíduos sólidos urbanos - O caso do Sri Lanka". *Actas da Conferência sobre Desenvolvimentos na Gestão Florestal e Ambiental no Sri Lanka*, Colombo, Sri Lanka.

Bartone, C. (1990). "Economic and Policy Issues in Resource Recovery from Municipal Sold Wastes". *Resources, Conservation and Recycling*, 4, pp. 723.

Beede, D. N. e David, E. B. (1995). The Economics of Municipal Solid Waste" (A economia dos resíduos sólidos urbanos). *Research Observer*, 10(2), pp. 113-150.

Bigyan Neupane e Shuvee Neupane (2013). 'Cenário da gestão de resíduos sólidos no município de Hetauda, Nepal'. *Jornal Internacional do Ambiente*, 2(1), pp. 105-114.

Blight, G. E. e Mbande, C. M. (1996). 'Some Problems of Waste Management in Developing Countries' (Alguns problemas da gestão de resíduos nos países em desenvolvimento). *Journal of Solid Waste Technology and Management*, 23(1), pp. 19-27.

Divisão de Química (2009). *Relatório de ensaio do composto (221)*. Horticultural Research & Development Institute, Gannoruwa, Peradeniya, Sri Lanka.

Choguill, C. (1996). Ten Steps to Sustainable Infrastructure" (Dez passos para uma infraestrutura sustentável). *Habitat International*, 20(3), pp. 389-404.

Centro de Agronegócios CIC (2009). *Relatório de ensaio de composto do CIC (AA39 - Compost/04-07)*. CIC Fertilizers (Pvt.) Ltd., 205, D.R. Wijewardena Mawatha, Colombo 10, Sri Lanka.

Dasgupta, T. (2013). 'Gestão sustentável de resíduos sólidos municipais da cidade de Bhopal'. *Jornal Internacional de Engenharia Científica e Tecnologia*, 2(11), pp. 1103-1106.

El - Fadel, M., Angelos, N. F. e James, O. L. (1997). Environmental Impacts of Solid Waste

Landfilling" (Impactos ambientais da deposição de resíduos sólidos em aterros). *Journal of Environmental Management*, 50(1), pp. 1-25.

Florence, S. R. (2013). 'Superar os desafios e as deficiências da gestão de resíduos sólidos através de estratégias e técnicas bem planeadas e práticas de gestão de resíduos'. *Jornal Asiático de Ciências Biológicas Experimentais*, 4(4), pp. 618-622.

Gurram, M. K., Bulusu, L. D. e Kinthada, N. R. (2014). 'Uma avaliação do cenário de sustentabilidade da gestão de resíduos sólidos: A GIS Study on Municipal Wards of Hyderabad, India'. *Journal of Geology & Geosciences*, 3(2), pp. 1-4.

Halder, P. K., Paul, N., Hoque, M. E., Hoque, A. S. M., Parvez, M. S., Rahman, Md. H. e Ali, M. (2014). 'Resíduos sólidos municipais e sua gestão na cidade de Rajshahi, Bangladesh: Uma fonte de energia". *Revista Internacional de Investigação em Energias Renováveis*, 4(1), pp. 168-175.

Halla, F. e Bituro, M. (1999). 'Innovative Ways for Solid Waste Management in Dar - Es-Salaam: Toward Stakeholder Partnerships". *Habitat International*, 23(3), pp. 351-361.

Unidade de Gestão de Resíduos Perigosos (2005). *Diretrizes técnicas sobre a gestão de resíduos sólidos no Sri Lanka*. Divisão de Controlo da Poluição, Autoridade Ambiental Central, 104, Dencil Kobbekaduwa Mawatha, Battaramulla, Sri Lanka.

Jeamponk, P. (2013). 'O comportamento das famílias na gestão de resíduos sólidos e águas residuais na área municipal com política de limpeza determinada pela comunidade'. *Revista Internacional de Ciências Sociais, Humanas e Engenharia*, 7(1), pp. 61-65.

Kaseva, M. E. e Stephen, M. E. (2000). 'Ramifications of Solid Waste Disposal Site Relocation in Urban Areas of Developing Countries: A Case Study in Tanzania". *Resources, Conservation and Recycling*, 28, pp. 147161.

Kassim, S. M. e Mansoor, A. (2006). 'Solid Waste Collection by the Private Setor: Households' Perspective - Findings from a Study in Dar es Salaam City, Tanzania". *Habitat International*, 30(4), pp. 769-780.

Kumar, D. e Alappat, B. J. (2005). Analysis of Leachate Pollution Index and Formulation of Sub-leachate Pollution Indices" [Análise do índice de poluição por lixiviados e formulação de índices de poluição por lixiviados]. *Waste Management Research*, 23(3), pp. 230-239.

Li, Y. (2013). *Desenvolvimento de um Sistema de Estimativa e Gestão de Resíduos de Construção Sustentável*. Tese de Doutoramento, Universidade de Ciência e Tecnologia de Hong Kong, Hong Kong, China.

Lin, C. e Ying, L. (2014). *Aplicação da dinâmica de sistemas para a gestão de resíduos municipais na China: A Case Study of Beijing* Universidade Renmin da China, Academia Chinesa de Ciências, Pequim, China.

Mato, R. R. A. M. (1999). 'Environmental Implications Involving the Establishment of Sanitary Landfills in Five Municipalities in Tanzania: The Case of Tanga Municipality. *Resources, Conservation and Recycling*, 25, pp. 1-16.

Medina, M. (2000). Cooperativas de catadores na Ásia e na América Latina'. *Resources, Conservation and Recycling*, 31(1), pp. 51-69.

Muttamara, S. e Shing, T. L. (1997). 'Environmental Monitoring and Impact Assessment of a Solid Waste Disposal Site' (Monitorização Ambiental e Avaliação do Impacto de um Local de Eliminação de Resíduos Sólidos). *Environmental Monitoring and Assessment*, 48, pp. 1-24.

Nagapan, S., Rahman, I. A., Asmi, A., Memon, A. H. e Latif, I. (2012). 'Issues on Construction Waste: A necessidade de uma gestão sustentável dos resíduos". *Actas do Colóquio sobre Humanidades, Ciência e Investigação em Engenharia*, Kota Kinabalu, Sabah, Malásia, pp. 317-322.

Nas, P. J. M. e Jaffe, R. (2004). 'Informal Waste Management - Shifting the Focus from Problem to Potential'. *Ambiente, Desenvolvimento e Sustentabilidade*, 6, pp. 337-353.

Centro Nacional de Apcio à Gestão de Resíduos Sólidos (2008). *Relatório Anual do Centro Nacional de Apoio à Gestão de Resíduos Sólidos 2007*. Centro Nacional de Apoio à Gestão de Resíduos Sólidos em cooperação com a equipa de peritos da JICA, Sri Lanka.

Ojo, G. O. e Bowen, D. M. (2014). 'Análise Ambiental e Económica de Alternativas de Gestão de Resíduos Sólidos para o Município de Lagos, Nigéria'. *Jornal do Desenvolvimento Sustentável em África*, 16(1), pp. 113-144.

Peter, K., Morton, A. B., Alix, F., Anders, B. e Thomas, H. C. (2002). 'Present and Long-Term composition of MSW Landfill Leachate: A Review". *Critical Reviews in Environmental Science and Technology*, 32(4), pp. 297-336.

Ramakrishna, V. (2013). 'Modelo de avaliação do ciclo de vida para a gestão integrada de resíduos sólidos'. *Jornal Internacional de Investigação em Engenharia e Tecnologia*, 2(9), pp. 1742-1748.

Ramya Kumari, S. M. S. e Bandara, N. J. G. J. (2004). "Release of Methane and Carbon Dioxide gases from Municipal Solid Waste Landfills in the Colombo Metropolitan region". *Actas do Nono Simpósio Anual de Silvicultura e Ambiente*, Universidade de Sri Jayewardenepura, Nugegoda, Sri Lanka.

Ranaweera, R. M. R. P. e Trankler, J. (2001). "Pre-Treatment Prior Final Disposal -A Case Study for Thailand". *Actas Sardinia 2001, Oitavo Simpósio Internacional de Gestão de Resíduos e Aterros*, S. Margperita di Pula, Cagliari, Itália, pp. 187-196.

Rotich, K. H., Yongsheng, Z. e Jun, D. (2005). 'Municipal Solid Waste Management Challenges in Developing Countries - Kenyan Case Study'. *Waste Management*, 26(1), pp. 92-100.

Sawyer, N. C., McCarty, L. P. e Parkin, F. G. (2003). 'Chemistry for Environmental Engineering and Science'. *McGraw-Hill international*, 5, pp. 4-9.

Simão, A. M. (2008). *Análise das Actividades das Organizações Comunitárias Envolvidas na Gestão de Resíduos Sólidos, Investigando a Abordagem de Misturas Modernizadas: O caso do Município de Kinondoni, Dar es Salaam, Tanzânia.* Dissertação de Mestrado, Universidade e Centro de Investigação de Wageningen, Wageningen, Países Baixos.

Singh, G. K., Gupta, K. e Chaudhary, S. (2014). 'Gestão de resíduos sólidos: Its Sources, Collection, Transportation and Recycling'. *Revista Internacional de Ciência e Desenvolvimento Ambiental*, 5(4), pp. 347-351.

Srivastava, P. K., Kulshreshtha, K., Mohanty, C. S., Pushpangadan, P. e Singh, A. (2005). 'Stakeholder-based SWOT analysis for successful municipal solid waste management in Lucknow, India'. *Waste Management*, 25, pp. 531-537.

Tchobanoglous, G. e Kreith, F. (2002). *Handbook of Solid Waste Management*. McGraw-Hill, Nova Iorque, Estados Unidos.

Nações Unidas (2007). *Relatório da Comissão Mundial sobre o Ambiente e o Desenvolvimento*. Nações Unidas, Nova Iorque, Estados Unidos.

Programa das Nações Unidas para o Desenvolvimento (1987). *Relatório de Gestão de Projectos de Desenvolvimento das Nações Unidas 7*. Nações Unidas, Nova Iorque, Estados Unidos.

Visvanathan, C., Kurupan, P., Norbu, T., Trankler, J., Basnayake, B. F. A., Chart Chiemchaisri, Kurian Joseph e Zhou Gonming (2003). *Estudo comparativo sobre a gestão dos resíduos sólidos urbanos na Ásia*. Relatórios ARPPET, Instituto Asiático de Tecnologia, Pathumthani, Tailândia.

Wijesekara, S. S. R. M. D. H. R., Shamendra, A. C., Jayawardana, J. M. C. K. e Nimal Premathilaka (2009). The Leachate Quality Analysis for Compost Producing Solid Waste Management Plant" (Análise da qualidade do lixiviado para uma unidade de gestão de resíduos sólidos que produz composto). *Actas do Primeiro Simpósio Nacional sobre Gestão de Recursos Naturais*, Universidade Sabaragamuwa do Sri Lanka, Belihuloya.

Wilson, D., Costa, V. e Chris, C. (2006). Role of Informal Setor Recycling in Waste Management in Developing Countries" [Papel da reciclagem do sector informal na gestão de resíduos nos países em desenvolvimento]. *Habitat Internctional*, 30, pp. 797-808.

Xuan, L. e Ling, M. (2014). 'A Narração e Previsão da Pesquisa de Gestão de Res duos Solidos Municipais no Exterior'. *Actas da Conferência Internacional sobre Gestão Económica e Cocpe-ação Comercial*, pp. 381-385.

Yhdego, M. (1995). 'Urban Solid Waste Management in Tanzania: Issues, Concepts ar d Challenges' (Gestão de Resíduos Sólidos Urbanos na Tanzânia: Questões, Conceitos e Desafics). *Resource, Conservation and Research*, 14, pp. 110.

Yuan, H. (2013). Uma análise SWOT da gestão bem-sucedida de resíduos de construção" *Journal of Cleaner Production*, 39, pp. 1-8.

Apêndices
Apêndice 1

Informações gerais sobre a área do conselho urbano de Balangoda

Localização e estabelecimento

Balangoda é um município de primeira linha no distrito de Ratnapura, situado na província de Sabaragamuwa, no Sri Lanka. Situa-se entre 80° 35' e 80° 55' de longitudes leste e 60° 30' e 60° 45' de latitudes norte. A cidade de Balangoda, um importante centro administrativo e comercial da região, está situada na encosta nordeste das colinas centrais e a 143 km da cidade de Colombo. A principal via de acesso a esta área é a estrada Colombo - Ampara, conhecida como A4 (BUC, 2013).

A cidade de Balangoda é governada pelo Conselho Urbano de Balangoda que foi criado em 1939 como o primeiro conselho urbano no Sri Lanka ao abrigo da Portaria do Conselho Urbano de 1939 (BUC, 2013). A área tem três caraterísticas topográficas principais. Estas incluem zonas montanhosas que se situam a 3000 pés acima do nível médio do mar, zonas de planície intermédia com uma altitude entre 1000 pés e 3000 pés e zonas de planície baixa no Sudeste (BUC, 2013).

Terreno

A área do Conselho Urbano de Balangoda compreende uma área total de 16,2 km², envolvendo 1,5 km de distância ao longo da estrada Balangoda - Colombo, 2 km na direção de Badulla, 2,5 km ao longo da estrada Balangoda - Kalthota e 0,75 km ao longo da estrada Balangoda - Rassagala (BUC, 2013).

Condições climáticas

A temperatura média de Balangoda é de 27°C. Em consequência das condições geográficas, a precipitação anual média é de 1 500 mm a 1 600 mm, excedendo por vezes os 2 000 mm. A área recebe chuvas intensas nos períodos entre monções, como outubro, novembro, março e abril. Por outro lado, a estação seca também é registada durante os meses de julho e agosto com ventos fortes (BUC, 2013).

Informações demográficas

A população total da área do Conselho Urbano de Balangoda é de aproximadamente 23 220 habitantes. Desta quantidade, 56% são cingaleses, enquanto 20% e 24% são tâmeis e muçulmanos, respetivamente. No que diz respeito à população pendular, o Conselho Urbano de Balangoda acolhe cerca de 40 000 pessoas que entram diariamente na cidade para diversos fins (BUC, 2013).

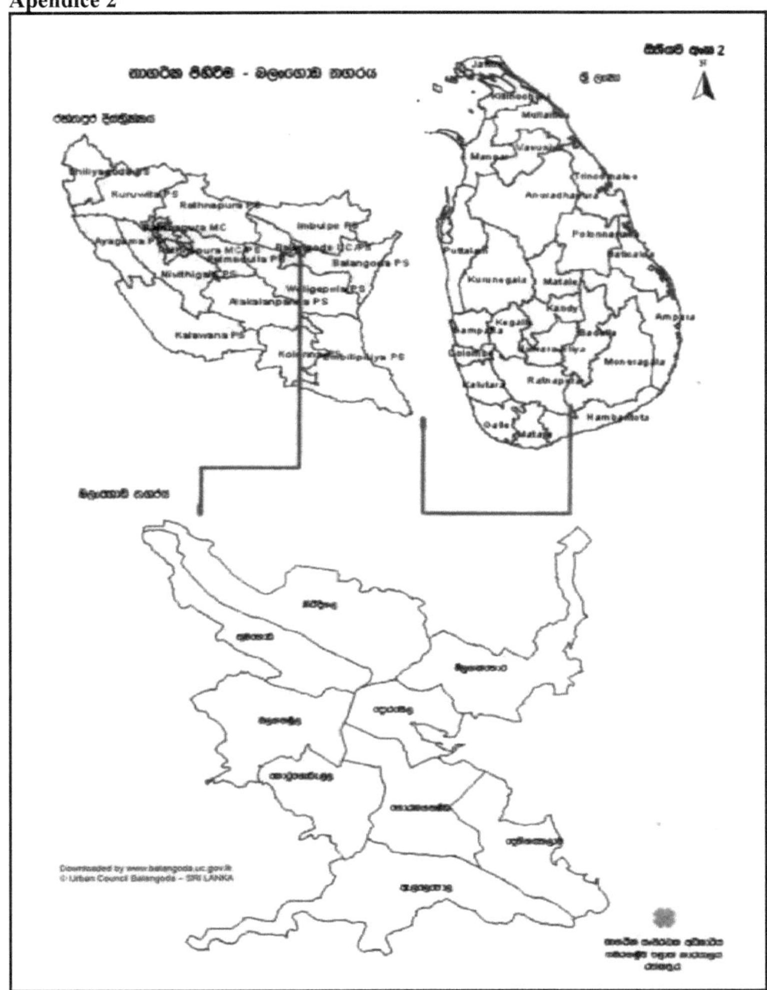

Mapa da área do Conselho Urbano de Balangoda (Fonte: BUC, 2013)

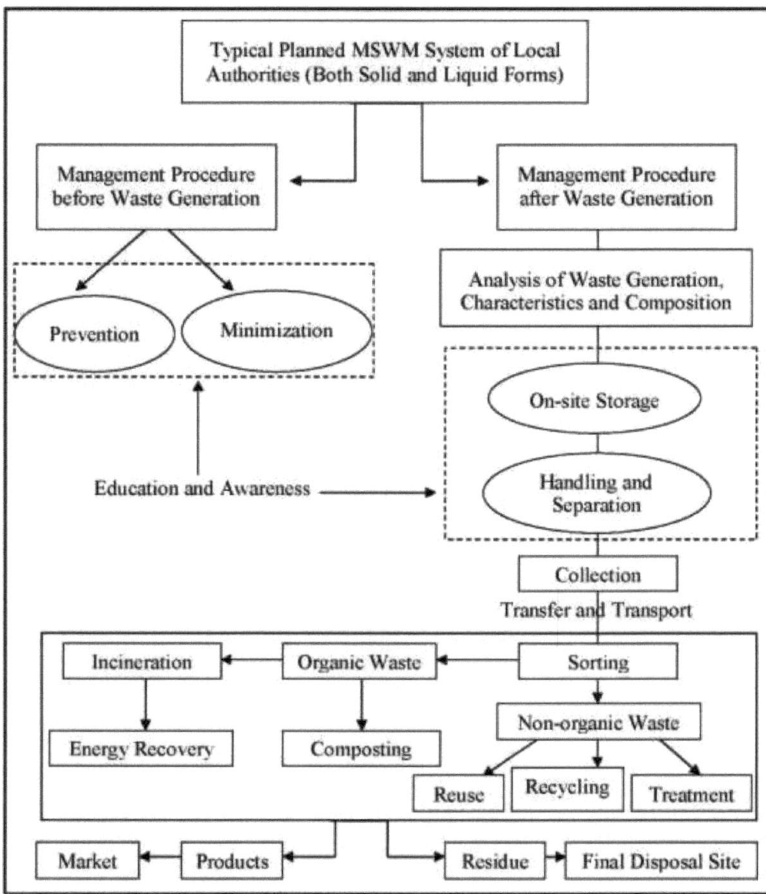

Sistema típico de gestão de resíduos sólidos urbanos planeado no Sri Lanka (Fonte: Dados do inquérito, 2014)

Apêndice 4

Formulação e colocação de questões de investigação aos entrevistados

As principais questões de investigação desenvolvidas para a realização das entrevistas são apresentadas e explicadas a seguir. As perguntas foram formuladas tendo em conta as condições externas e internas que o Conselho Urbano de Balangoda teria de enfrentar ao desenvolver a Gestão Municipal de Resíduos Sólidos (GMSR).

Questão 1:

Quais são os pontos fortes do Conselho Urbano de Balangoda na implementação da gestão de resíduos sólidos urbanos na sua divisão responsável?

A primeira pergunta diz respeito à identificação dos principais pontos fortes do Conselho Urbano de Balangoda na implementação da GMSF. Especificamente, podem ser colocadas aos participantes questões como

•   Quais são as vantagens quando o Conselho Urbano de Balangoda pretende promover a minimização e a gestão dos resíduos sólidos urbanos (RSU)?

•   Quais são as participações bem sucedidas do programa de gestão de resíduos sólidos urbanos em curso no Conselho Urbano de Balangoda?

•   Quais são os factores que permitem ao Conselho Urbano de Balangoda ser um forte concorrente na gestão dos RSU?

Pergunta 2:

Quais são os pontos fracos quando o Conselho Urbano de Balangoda efectua a gestão de resíduos sólidos urbanos no centro de gestão de resíduos sólidos?

Esta pergunta tem por objetivo identificar os pontos fracos que o Conselho Urbano de Balangoda poderá ter no desenvolvimento da gestão dos resíduos sólidos urbanos, centrando-se especialmente nas falhas do centro de gestão de resíduos sólidos. Durante as entrevistas, os participantes foram convidados a expressar as suas opiniões sobre questões como

•   O que poderia ser melhorado na promoção da GMSF?

•   O que é que não é feito corretamente na implementação da gestão de resíduos sólidos urbanos?

•   O que deve ser evitado?

•   Que obstáculos impedem a promoção da GMSF?

•   Que aspectos da gestão dos resíduos sólidos urbanos devem ser reforçados?

Pergunta 3:

Quais são as oportunidades que o Conselho Urbano de Balangoda pode explorar para desenvolver a gestão dos resíduos sólidos urbanos?

Esta pergunta tem por objetivo obter informações sobre as oportunidades que o Conselho Urbano de Balangoda poderá enfrentar no futuro ao desenvolver a gestão dos resíduos sólidos urbanos. Neste contexto, são também consideradas as oportunidades que podem ser implementadas no âmbito do centro de gestão de resíduos sólidos. A questão pode ser explicada por algumas perguntas enumeradas a seguir:

•   Quais são as oportunidades que o Conselho Urbano de Balangoda pode aproveitar para promover a GMSF?

•   Quais são as tendências interessantes que podem ser promovidas no centro de gestão de resíduos sólidos?

•   Que benefícios resultariam da melhoria da gestão dos resíduos sólidos urbanos na zona do Conselho Urbano de Balangoda?

•   Que mudanças podem ocorrer nas práticas habituais e na tecnologia disponível, tanto a nível geral como restrito?

Pergunta 4:

Quais são as ameaças que o Conselho Urbano de Balangoda pode enfrentar ao desenvolver a GMS no centro de gestão de resíduos sólidos?

Esta pergunta examina as ameaças que impediriam o centro de gestão de resíduos sólidos do Conselho Urbano de Balangoda de melhorar a sua situação em matéria de gestão de resíduos sólidos urbanos. Perguntas semelhantes incluem:

•   Quais são os obstáculos que o Conselho Urbano de Balangoda poderá enfrentar ao desenvolver a GMS no centro de gestão de resíduos sólidos?

•   Estão disponíveis as instalações de apoio para uma situação melhorada de gestão de resíduos sólidos urbanos?

Appendix 5

Lista de entrevistados

1. Entrevista com o Sr. Nimal Premathilake, Inspetor-Chefe da Saúde Pública, Conselho Urbano de Balangoda (30/10/2013).

2. Entrevista com o Sr. Niluka Ranasinghe, Faculdade de Ciências Agrícolas, Universidade Sabaragamuwa do Sri Lanka (06/11/2013).

3. Entrevista com o Dr. P.I. Yapa Faculdade de Ciências Agrícolas, Universidade Sabaragamuwa do Sri Lanka (08/01/2014).

4. Entrevista com o Sr. Dinusha Vitharama, funcionário do Conselho Urbano de Balangoda (22/01/2014).

5. Entrevista com o Sr. K.H. Muthukudaarachchi, Diretor-Geral, Autoridade Central do Ambiente (20/03/2014).

6. Entrevista com Mahesh Jaltota. Diretor Adjunto, Divisão de Controlo da Poluição Ambiental, Autoridade Ambiental Central (20/03/2014).

7. Entrevista com a comunidade na divisão do Conselho Urbano de Balangoda (dimensão da amostra - 100).

8. Entrevista com 5 trabalhadores do Centro de Gestão de Resíduos Sólidos no Conselho Urbano de Balangoda.

Appendix 6
Lista de controlo da observação (práticas de gestão de resíduos)
1. Recipientes de recolha de resíduos
2. Esforços efectuados para a minimização e prevenção de resíduos
3. Transporte de resíduos para o centro de gestão de resíduos sólidos
4. Actividades em curso no centro de gestão de resíduos sólidos
5. Veículos utilizados na recolha de resíduos

Appendix 7
Pormenores da gestão de resíduos sólidos urbanos no conselho urbano de Balangoda (2011-2012)

Quantidade de resíduos	2011 (toneladas)	2012 (toneladas)
Quantidade total de resíduos produzidos	7,150	7,420
Quantidade recolhida pela varredura das ruas	1,340	1,250
Quantidade recolhida junto dos agregados familiares	2,440	2,370
Quantidade recolhida nos locais comerciais	4,100	2,550
Quantidade dirigida para reciclagem; S Para organizações de voluntários S Para as comunidades empresariais	 215 500	 240 500
Quantidade dirigida para a produção de biogás	15	20
Quantidade recolhida de resíduos perigosos	04	03
Eliminação final no aterro	440	496

Appendix 8
Produção de composto e geração de rendimentos do conselho urbano de Balangoda

Conselho Urbano de Balangoda (2003-2012)

Ano	Composto fabricado em kg	Geração de rendimentos em LKR
2003	2,620	13,100.00
2004	25,830	129,150.00
2005	92,530	212,650.00
2006	210,420	1,050,000.00
2007	265,400	1,256,000.00
2008	324,650	1,540,425.00
2009	385,660	1,345,660.00
2010	432,650	2,135,400.00
2011	545,420	2,947,400.00
2012	485,340	1,875,680.00

Apêndice 9

Quantidades vendidas de materiais recicláveis e outros materiais úteis (2003 -2012)

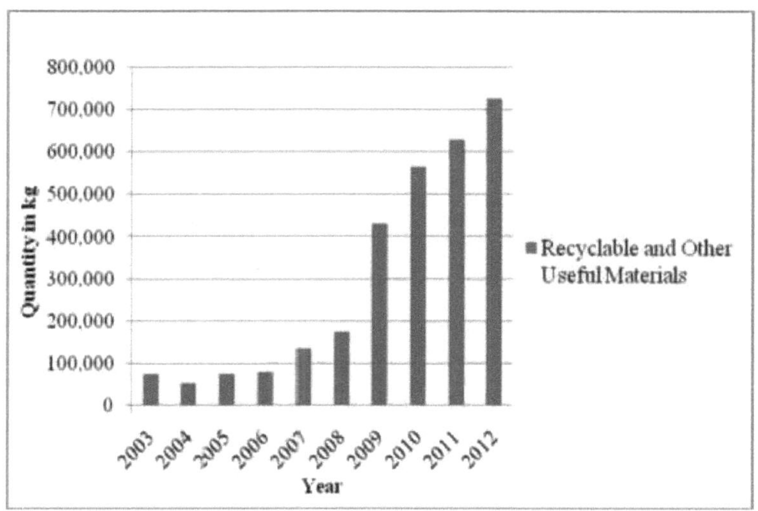

Fonte: Dados do inquérito, 2013

Appendix 10
Sri Lanka Standard Specification for Compost from Municipal Solid Waste and Agricultural

Waste

resíduos sólidos urbanos e resíduos agrícolas

Propriedades	Requisitos
Parâmetros físicos: pH Cor Manter as propriedades Teor de humidade Odor Tamanho das partículas Teor de areia	 6.5 - 8.5 Castanho/cinzento a preto escuro No mínimo 12 meses à temperatura ambiente Teor não superior a 25% em peso seco Sem odores desagradáveis O resíduo deve ser <2% através de peneira de 4 mm <10%
     Necessidade de nutrientes: Azoto Fósforo Potássio Rácio C:N Carbono orgânico Magnésio Cálcio **Metais pesados** Cádmio Crómio Cobre Chumbo Mercúrio Níquel Zinco	**Requisito mínimo** 1.0% 0.5% 1.0% 10-25 20% 0.5% 0.7% **Max ppm (partes máximas por milhão)** 10 1000 400 250 02 100 1000
Parâmetros biológicos: Formas de coli fecal Salmonela Sementes de ervas daninhas viáveis	**Requisito** Deveria ser gratuito Deve ser gratuito < 16 por metro quadrado

Fonte: Normas do Sri Lanka SLS 1246:2003

Appendix 11
Relatório analítico do composto 3 - Conselho Urbano de Balangoda

Teste/Unidade	Método	Resultado	Limite de Determinação
Humidade, percentagem em massa	Análise química do solo por M.L.Jackson	38.0	-
Azoto, percentagem em massa		0.8	-
Fósforo como P, percentagem em massa		0.9	-
Potássio como K, percentagem em massa		0.4	-
Cálcio, percentagem em massa		0.2	-
Enxofre, percentagem em massa		0.1	-
Matéria orgânica, percentagem em massa		9.4	-
Condutividade (1:10) 28⁰C, mS/cm		2.1	-
Capacidade de permuta de ferro, meq/100g		27.5	-
pH		7.2	-
Cádmio, mg/kg	AOAC (5014) - 1984	11	-
Chumbo, mg/kg		6	-
Manganês, mg/kg		81	-
Cobre, mg/kg		138	-
Magnésio, mg/kg		454	-
Mercúrio, mg/kg		Não detectado	0.02
Níquel, mg/kg		0.5	-

Fonte: Relatório de ensaio do ITI* (SS 6081), 2006
* Instituto de Tecnologia Industrial, Sri Lanka

Análise da qualidade da instalação de fertilização de lamas - Centro de gestão de resíduos sólidos

Centro de Gestão de Resíduos Sólidos do Conselho Urbano de Balangoda

Número da amostra	Localização da amostra	Tempo (horas)	pH	Temperatura	CQO mg/dm^3	CBO mg/dm^3 5 dias a 20^{0}C	Fosfato total mg/dm^3
2010/WW/P/27	Tanque de receção	11.00	8.5	29.8	1456	972	4
2010/WW/P/28	Sedimentação Tanque	11.05	8.5	29.7	1135	572	4.25
2010/WW/P/29	Tratamento Tanque 1	11.10	8.6	29.6	937	343	4.25
2010/WW/P/30	Tratamento Tanque 2	11.20	8.5	29.8	790	229	4.25
2010/WW/P/31	Tratamento Tanque 3	11.30	8.6	29.6	419	114	4.25

Fonte: Relatório de ensaio da Direção Nacional de Abastecimento de Água e Drenagem, 2010

Appendix 13
Qualidade química e análise de metais pesados de uma amostra de solo noturno

Centro de Gestão de Resíduos Sólidos do Conselho Urbano de Balangoda

N.o da amostra: 2010/WW/P/32	
Análise da qualidade química	
pH	8.5
	Resultados em mg/L
Gordura e óleo	ND
Carência biológica de oxigénio (CBO 5 dias a 20^{0}C)	343
Carência química de oxigénio (CQO)	661
Sólidos suspensos totais	68
Descarga de temperatura	29.7
Sulfureto (como S)	0.3
Fluoreto (como F)	1.3
Cloro residual total (expresso em Cl_2)	ND
Amoníaco livre (como N)	100
Ferro (como Fe)	0.26
ND = Não detectado	
Análise de metais pesados	
Chumbo (expresso em Pb)	ND < 0,001
Cianeto (expresso em CN)	ND
Arsénio (expresso em As)	ND < 0,003
Crómio (expresso em Cr)	ND < 0,001
Cádmio (expresso em Cd)	ND < 0,0003
Cobre (expresso em Cu)	ND < 0,001
Mercúrio (como Hg)	ND < 0,001
Níquel (expresso em Ni)	ND < 0,001
Selénio (como Se)	ND < 0,001
Zinco (expresso em Zn)	ND < 0,0003
ND = Não detectado	

Fonte: Relatório de ensaio da Direção Nacional de Abastecimento de Água e Drenagem, 2010

Appendix 14
Resultados da distribuição do questionário na comunidade da
Área do Conselho Urbano de Balangoda

Actividades MSWM	N.º de pessoas que responderam (em 100)				
	Excelente	Bom	Moderado	Fraco	Não faço ideia
Minimização de resíduos e Prevenção	70	18	-	-	12
Recolha de resíduos	59	29	07	05	-
Separação e manuseamento no local	36	31	06	27	-
Transporte de resíduos	47	24	12	17	-

Fonte: Inquérito de campo, 2014

Actividades MSWM	N.º de pessoas que responderam (em 100)				
	Excelente	Bom	Moderado	Fraco	Não faço ideia
Classificação	41	06	12	-	41
Compostagem	59	08	06	-	27
Reciclagem	40	13	05	-	42
Produção de lamas Fertilizante	28	07	13	06	46
Formação e educação	37	18	-	10	35
Eliminação final	-	-	18	29	53

Fonte: Inquérito de campo, 2014

Pontos fortes	N.º de pessoas que responderam (em 100)				
	Excelente	Bom	Moderado	Fraco	Não faço ideia
S1: Localização estabelecida do centro de gestão de resíduos sólidos	39	36	09	07	09
S2: Recolha regular de resíduos	59	29	07	05	-
S3: Criação de centrais de compras de resíduos	65	24	06	05	-
S4: Criação de centros de reciclagem	65	24	06	05	-
S5: Realização de programas de sensibilização e formação sobre a promoção da gestão de resíduos sólidos urbanos na divisão	51	25	08	06	10
S6: Tributação dos resíduos	24	06	06	11	53

Fonte: Inquérito de campo, 2014

Appendix 15
Tributação dos resíduos - Conselho Urbano de Balangoda

Tipo de instituição	Imposto anual (LKR)	Imposto trimestral (LKR)
Todas as casas de hóspedes	4080.00	1020.00
Todos os hotéis	4080.00	1020.00
Todas as padarias	4800.00	1200.00
Todas as lojas de têxteis	4800.00	1200.00
Lojas de refeições, cafés, restaurantes	2400.00	600.00
Cabinas alimentares	4080.00	1020.00
Supermercados	9600.00	2400.00
Lojas de retalho	1800.00	450.00
Cafés de chá	2400.00	600.00
Salões de beleza/lojas de cultura de beleza	1200.00	300.00
Moinhos de arroz	3600.00	900.00
Aulas particulares	3000.00	750.00
Mercados de acções	6000.00	1500.00
Hardware	1800.00	450.00

Fonte: Dados do inquérito, 2013

I want morebooks!

Buy your books fast and straightforward online - at one of world's fastest growing online book stores! Environmentally sound due to Print-on-Demand technologies.

Buy your books online at
www.morebooks.shop

Compre os seus livros mais rápido e diretamente na internet, em uma das livrarias on-line com o maior crescimento no mundo! Produção que protege o meio ambiente através das tecnologias de impressão sob demanda.

Compre os seus livros on-line em
www.morebooks.shop

Printed by Books on Demand GmbH, Norderstedt / Germany